粉末金属成形过程计算机仿真与缺陷预测

董林峰 著

北 京
冶 金 工 业 出 版 社
2011

内 容 提 要

本书系统地诠释了粉末金属成形过程计算机仿真和成形过程中缺陷预测原理，详细介绍了粉末金属成形过程模型建模方法与途径，推导了粉末金属成形过程计算机仿真模型和成形过程中缺陷预测模型，并对它们进行了验证。全书共分7章，主要内容包括：粉末金属成形数值模拟关键技术、粉末金属成形过程模型建模途径、粉末金属成形过程密度分布不均匀引起的缺陷预测模型、粉末金属成形过程的损伤与裂纹预测模型、粉末金属成形过程的计算机仿真与缺陷分析等。

本书可供从事粉末冶金专业粉末金属成形工艺与模具设计方向的高等学校教师、研究生和大学生以及现场的工程技术人员使用和参考。

图书在版编目(CIP)数据

粉末金属成形过程计算机仿真与缺陷预测/董林峰著. —北京:冶金工业出版社，2011.2

ISBN 978-7-5024-5475-3

Ⅰ.①粉… Ⅱ.①董… Ⅲ.①计算机仿真—应用—粉末成型 Ⅳ.①TF124

中国版本图书馆 CIP 数据核字(2011)第 006200 号

出 版 人　曹胜利

地　　址　北京北河沿大街嵩祝院北巷 39 号，邮编 100009

电　　话　(010)64027926　电子信箱　yjcbs@ cnmip. com. cn

责任编辑　杨盈园　美术编辑　李　新　彭子赫　版式设计　孙跃红

责任校对　石　静　责任印制　张祺鑫

ISBN 978-7-5024-5475-3

北京百善印刷厂印刷；冶金工业出版社发行；各地新华书店经销

2011 年 2 月第 1 版，2011 年 2 月第 1 次印刷

850mm × 1168mm　1/32；5.5 印张；146 千字；165 页

20.00 元

冶金工业出版社发行部　电话:(010)64044283　传真:(010)64027893

冶金书店　地址: 北京东四西大街 46 号(100010)　电话:(010)65289081(兼传真)

前言

压制成形是粉末冶金生产工艺的一个重要环节，它是将粉末体加工成具有一定尺寸、形状以及一定密度和强度的零件或待烧结的坯件。成形制品（待烧结压坯）的质量严重影响粉末冶金最终产品的质量。传统的压制成形工艺设计依赖设计人员和操作人员的工作经验及反复试模，即经验性的试错法。这种方法有设计周期长、成本高等缺点。为了缩短设计周期、降低产品成本、提高粉末冶金制品的质量以及优化模具和工艺参数，将计算机仿真技术引入粉末冶金模具和工艺设计并对粉末金属成形过程中缺陷进行预测是必然的趋势。

粉末金属成形过程计算机仿真和成形过程中缺陷预测是塑性加工、粉末冶金、计算力学、损伤力学、CAD 技术、材料科学等多个学科相互交叉渗透的研究方向，涉及到材料非线性、几何非线性、边界条件非线性三种非线性问题。特别是粉末成形过程中压坯致密化和损伤的机理非常复杂，用确定的数学模型描述压坯致密化和损伤行为难度非常大，虽然很多专家在该方向进行了大量研究，但在实际应用中都还不够成熟，有待进一步发展与完善。本书是在前人研究的基础上，系统阐述粉末金属成形过程的建模方法，建立计算机仿真模型，实现粉末金属成形过程的计算机仿真和成形过程中的缺陷预测，以期对该领域的发展有所裨益。

本书共分 7 章。第 1 章介绍本书涉及的有关概念，国内外研究状况。第 2 章主要介绍粉末金属成形数值模拟关键技术，分析粉末成形过程的材料非线性、几何非线性以及边界条件非线性特性，在有限变形理论的基础上，建立描述粉末体屈服的理论框架；分析大变形弹塑性有限元方程的列式和求解特点，建立用于粉末成形数值模拟的大变形U.L法的有限元列式；分析研究有限元离散误差评估、自适应网格划分技术及接触和摩擦问题。第3章介绍粉末金属成形过程中缺陷预测模型建模途径，分析粉末压坯内部密度分布不均匀和产生裂纹的原因，研究目前描述粉末成形的两种主要途径(及三种方法)和描述损伤状况的两种途径，确定基于烧结多孔材料塑性力学建立的粉末金属压制模型，基于细观损伤力学建立压坯的损伤模型。第4章介绍粉末金属成形过程密度分布不均匀引起的缺陷预测模型建立与验证，研究粉末烧结多孔材料的成形与粉末金属成形之间的差别和粉末金属成形过程中的几何硬化和应变硬化行为及其影响因素，基于粉末金属单向压制实验数据，建立适于粉末金属成形从低密度到高密度全区域、并考虑粉末颗粒度和制粉方式影响的粉末金属成形过程中密度分布不均匀引起缺陷的预测模型，最后对密度分布不均匀引起缺陷预测模型进行实验验证和评价。第5章介绍粉末金属成形过程的损伤与裂纹预测模型建立及验证，分析金属粉末成形的损伤现象，根据粉末金属的成形和裂纹形成特点，提出粉末金属成形裂纹形成的能量条件。根据本书提出的金属粉末压制模型，推导出新的韧性损伤准则。使用圆柱形压坯镦粗压制实验，对新准则进行了实验验证。第6章，基于本书提出的新损伤准则，对圆柱形压坯成形过程压坯内的损伤进行数值仿真分析，比较不同摩擦条件、高径比条件下压坯的损伤状况，分析生坯脱模时阴模倒角对形成裂纹的影响。第7章，对全书进行总结并对粉末金属成形过程的计算机仿真与成形中的缺陷预测今后发展进行展望。

本书是作者多年来在该领域研究和实践的积累，比较同行的研究成果，本书在建立新的描述粉末成形的数学模型和压坯损伤模型方面有所突破。书中参考了大量国内外同行的研究成果，这里对他们表示感谢。在此还要特别感谢上海交通大学阮雪榆院士、李从心教授、邢渊教授和汪俊博士在作者研究期间的无私帮助。最后感谢海南大学2009年科研项目对本书出版的资助（项目编号：hd09xm44）。

本书作者在书中尽可能全面阐述粉末金属成形过程计算机仿真和成形过程中缺陷预测最新成果，并力求创新。但由于计算机仿真技术发展迅速，加之作者水平所限，时间较紧，书中如有不足之处，敬请广大专家和读者批评指正。

作　者
2010年10月

目　　录

1 绪　论

1.1 引言

粉末冶金是现代机械零件先进制造技术，是用金属粉末（或金属粉末与非金属粉末的混合物）作为原料，经过成形和烧结制造金属材料、复合材料以及各种类型制品的工艺过程。它能生产出用普通熔炼法无法生产的、具有特殊性能的材料，能比普通熔炼法生产出材料性能更加优越的材料。同时，它还具有材料利用率高，劳动生产率高，生产成本低，工艺线路简单，少切削或无切削加工，适于大批量生产等一系列的特点。所以，粉末冶金呈现加速发展的势态，并已经成为制取各种高性能结构材料、特种功能材料和极限条件下工作材料的有效途径。

压制成形是粉末冶金生产的一个重要环节，它是将粉末压制成为具有一定尺寸、形状、密度和强度的待烧结坯体或零件。成形一般分为普通模压法和特殊成形方法。前者是将粉末或混合粉末装在压模内，用压机将金属粉末或混合料在模具内压制成形。特殊成形方法是指各种非模压成形，如：等静压成形、连续成形、无压成形、注射成形、高能成形等。粉末成形制品（待烧结压坯）的微观结构和质量对金属（或陶瓷）材料烧结动力学有严重影响，因此也就严重影响粉末冶金最终产品的质量。

对成形制品质量影响最大的是工艺和模具设计，目前产品工艺和模具设计一般仍以图表、资料、近似公式和设计人员的经验为依据，即“经验设计”（Empirical Design）。这种设计方法往往依据大量的经验，进行设计，经过费时、费力、费财试制，再设计等过程，才能最终达到目的。在实际开发新零件和产品时，往往不得不以多种工艺方案进行多次试制，不断总结经验，改进设计，这无疑造成了很大浪费，延长了产品设计和生产周期。

随着世界范围内粉末制品行业竞争加剧，各国都在积极采用更为有效的方法，降低产品成本，提高产品质量，缩短产品开发周期。目前，国外粉末冶金行业已经将计算机仿真技术运用于金属粉末烧结体成形和粉末等静压成形。对粉末压制成形过程的数值模拟也在积极研究，但尚未得到有效应用。主要是因为粉末金属压制过程中的零件实际形状复杂多变，加载条件多样，同时粉末压制成形机理没有定论，现有的数学模型还不可能完全正确地描述真实的粉末成形过程，预测缺陷出现。因此，很有必要对金属粉末成形理论进行深入研究，以得到更加精确描述粉末金属成形过程的数学模型，对粉末金属压制过程进行计算机仿真，预测由密度不均匀分布所造成的缺陷，并在此基础上建立粉末金属成形过程中裂纹预测模型，对粉末金属成形过程中形成的缺陷进行预测。

1.2 粉末金属成形中的缺陷

在粉末金属成形过程中，粉末受到压力的作用，颗粒发生变形、颗粒间发生相对移动，粉末体的密度逐渐增大，体积逐渐减小，最终形成具有一定尺寸、形状和强度的压坯。在此过程中，施加于粉末体上的力主要为消耗于使粉末体变形与致密的净压力，和用于克服粉末与模壁之间摩擦的外摩擦力。粉末体在压制压力的作用下，同时产生侧压力和约束反力，使粉末体在模具中呈三向压应力状态。但由于压制压力大于侧压力和反向模冲的约束反力，所以粉末颗粒一般在受载模冲的推动下沿模冲移动方向产生柱式流动，使粉末体在压制方向上大量压缩，而横向运动很小。由于粉末体在压制过程中遵循质量不变条件，同时产生致密和变形，并且具有弹塑性变形和粉末介质的非连续性特点，以及粉末性能悬殊和加载类型的多样化，故使粉末压制中粉末的致密化行为十分复杂，并很容易使压坯密度分布不均匀且使粉末制品不符合设计要求，形成由密度分布不均匀造成的缺陷。这种由密度不均匀分布造成的缺陷不仅给后续烧结工艺带来潜在的危害，在成形过程的不均匀密度分布还可能造成压制和脱模工序形成裂纹。

裂纹可以出现在粉末成形过程的任何一个阶段，压制初期，粉末为分散的颗粒，随着压制的进行，坯体密度逐渐增加，形成具有一定形状和强度的坯体，但在载荷和其他外界因素，及材料中所含杂质、润滑剂、颗粒间空气、发生化学变化的颗粒（如表面氧化颗粒）以及粉末晶体位错等内部因素作用下，坯体局部可能不黏合，同时黏合的坯体中会产生许多微空洞、微裂纹以及其他形式的微缺陷，随着载荷和变形程度的增加，如果不黏合部位仍不黏合或微空洞、微裂纹以及其他形式的微缺陷逐渐积累，最终导致成形制品产生宏观裂纹。在坯体脱模阶段，由于约束解除过程中各部分膨胀不同，造成局部应力集中，形成剪切断裂裂纹（微孔聚集型或纯剪切断裂裂纹），甚至穿晶或沿晶断裂裂纹。尤其是多台阶零件，通常使用浮动模双向压机，这种多动压制系统针对不同台阶使用相对多个独立的冲头，虽然这些冲头及芯棒可有效控制零件的密度和材料流动。但冲头的不同运动组合对整个压坯密度分布和裂纹出现影响很大。

1.3 粉末金属成形过程的计算机仿真

粉末金属成形过程的计算机仿真是基于有限元方法、计算机图形学和塑性力学等技术，对粉末金属材料成形过程进行模拟。通过计算机模拟，得到粉末金属成形过程中的所有宏观力学参数、变形参数以及工件中的应力应变分布、密度分布、温度场、速度场、粉末颗粒流动规律等，将整个实际生产过程都模拟出来。通过有限元数值模拟可以观察到在成形过程中会有哪些问题出现，哪些部位需要重点观察，并提出改进措施，从而做到了早期评价，可及时改进加工过程，优化工艺参数。图 1-1 所示为一个典型的粉末金属成形计算机仿真系统。

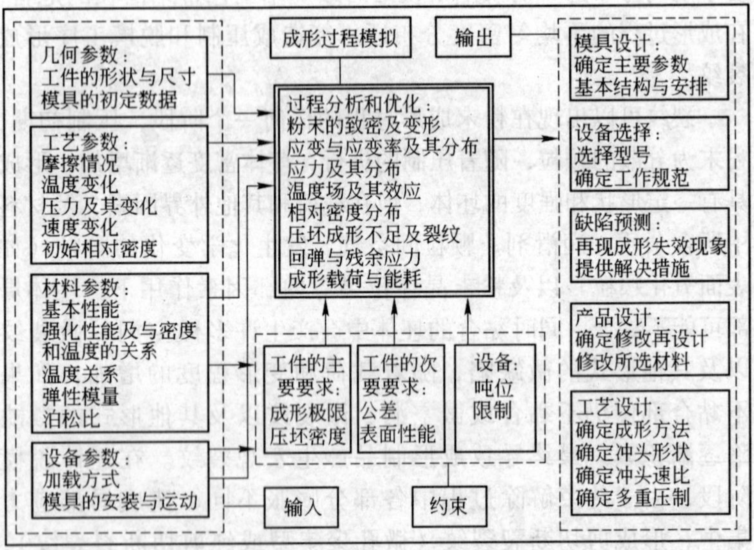

图 1-1 粉末金属成形计算机仿真系统

1.4 国内外研究现状

1.4.1 粉末金属成形仿真建模

粉末金属成形过程的计算机仿真成功的关键，主要在于描述材料流动的模型的准确性。粉末金属是由大量颗粒材料组成的，每个颗粒均可视为完全致密体，而这些颗粒组成的粉末体，其中含有一定的空隙，是非连续体。这种非连续体的变形需要从各个颗粒的变形以及各个颗粒之间的协调关系，研究其整体变形。在建模时不仅要考虑粉末成形的特性，即：(1) 粉末体变形时体积变化；(2) 粉末体流动应力随着粉末体相对密度变化而变化；(3) 静水应力粉末体屈服的影响。同时，由于压制工艺、条件及粉体颗粒参数不同，也影响模型的建立，要找到一个十分精确、严格的数学模型来描述它是非常困难的。学术界对粉末压制成形机理也还没有定论。目前，粉末金属成形过程建模基本上沿两个途径进行，即：基于连续介质力学途径和非连续介质建模。从各模型所基于的理论基础上看，又可划分为几类：(1) 基于粉末烧结体塑性力学方法。(2) 基于广义塑性力学（土塑性力学）方法。(3) 基于密集堆积球形颗粒的微观力学方法。

1.4.1.1 基于连续介质力学的研究

从本质上看，粉末体在压制初期是非连续体，但由于非连续介质力学的基本理论还不完善，若将粉末体视为非连续体来研究其变形，将会给问题带来很大不便。基于连续介质力学对粉末成形研究是将粉末体作为连续体，即将粉末体视为“可压缩的连续体”。这样就可应用连续体塑性力学的知识来处理粉末体的变形行为。基于连续介质力学方法主要有基于粉末烧结体塑性力学方法和基于广义塑性力学（土塑性力学）方法。

基于粉末烧结体塑性力学方法基本上都是在完全致密体求解的基础上进行假设，然后通过实验进行修正。Kuhn 和 Downey 最早由烧结铁粉（MH-100）实验得出基于金属塑性力学的模型，即：金属粉末压制的屈服面为一椭球面，塑性泊松比是相对密度的函数，而屈服准则中的参数为泊松比的函数，虽然该模型为半定量模型，但它对随后的研究产生了重大影响。Green 假设一个刚塑性材料的厚壁球壳模型，在纯剪切及纯等静压条件下推出屈服准则。Oyane 是根据立方体单元胞模型推导出屈服准则。Gurson 假设多孔体材料为含孔的刚塑性单元胞，使用上限逼近方法获得一种屈服准则。Doraivelu 等基于材料屈服过程中能量守恒原理，通过一系列不同初始相对密度材料的压制实验，经验地建立了多孔材料屈服应力与其基体材料屈服应力的关系，并结合塑性泊松比与相对密度的显示关系建立了多孔材料屈服准则。Spitsig 通过修改 Gurson 模型，建立了自己的模型。Kim 通过实验，补充了两个实验参数，对 Shima-Oyane 准则进行了修改。Lee 通过修改 Doraivelu 模型中粉末体流动应力与基体材料流动应力关系，建立了新的模型。汪俊针对用基于粉末烧结多孔材料模型描述粉末金属成形在低密度区域不准确，根据闭模压制实验数据对粉末压制密度变化全区域进行了拟合，并据此建立了自己的模型。S. J. Park 和 C. H. Park 则在 Lee 模型基础上通过修改材料几何硬化参数，建立了自己的模型。另外还有一些屈服准则，由于理论上的缺陷或者是公式形式过于复杂，实际运用较少，如：Roman 屈服准则、Tabata 屈服准则、Duszczyk 屈服准则、Hwang 屈服准则等。目前看来，基于粉末烧结体塑性力学方法对粉末多孔体材料成形进行研究的解析算法还不成熟，主要因为：其一，可压缩连续体假设与实际情况有差别；其二，基于实验的半经验数学模型只实用于特定材料的特定压制情况，不普遍适用；其三，粉末烧结多孔材料成形与粉末金属成形有一定的区别，影响了模型计算精度，如粉末烧结多孔材料的成形过程中材料硬化没有考虑粉末颗粒度和颗粒制取方法影响，而粉末金属成形过程中材料硬化不考虑粉末颗粒度和颗粒制取方法影响，就会造成一定误差；其四，世界上众多学者沿不同途径对粉末金属成形理论进行研究，粉末体的屈服准则还没有形成一个统一的意见。

粉末体与土体有极其相似的性质，即：它们都含有孔隙并且屈服过程中体积可变。因而，一些学者试图从土塑性力学理论出发，寻找建立金属粉末压制成形模型的方法。Mohr-Coulomb 最早提出了土体屈服准则，近来也被用来描述金属粉末压制过程。该准则在主应力空间的屈服表面为一棱锥面，其中心轴线与等倾线重合。Drucker 和 Prager 提出主应力空间屈服表面为一圆锥面，π 平面内，其屈服线为 Mohr-Coulomb 屈服线的内切圆。因为金属粉末压制过程的压力远大于土塑性力学中的压力，所以 Drucke 等在锥形屈服面加上一簇强化帽型屈服面。而 Jenike 和 Shield 则用平底来封闭 Mohr-Coulomb 屈服锥面。Suh 在研究塑性、摩擦和加工硬化材料时，提出一个屈服表面为旋转双曲线的屈服准则，由于该准则中未包含相对密度影响，并且公式形式过于复杂，因而在粉末金属成形过程分析中运用较少。Roscoe 和

Sandler 在假设土体是加工硬化材料时，根据能量方程，提出剑桥模型（Cam-Clay 模型）。后来又提出修正的剑桥模型，该模型在主应力空间的屈服表面为一锥面加上一椭球面帽子，椭球面帽子屈服表面随着加工硬化不断向外扩大。Burland 认为屈服表面中的帽子应由球面代替。DiMaggio 和 Sandler 提出 DiM. -S. 帽子模型，一般认为 D-P 屈服准则是 DiM. -S. 模型的精简。此外 Wilde、Nemet-Nasser 和 Shokooh 提出了各自的模型。Vermeer 针对砂子提出了双硬度模型，Broese van Groenou 曾将其运用于粉末材料。Brekelman 研究了两种 D-P 模型，即：屈服表面为圆锥加平底模型和椭圆形屈服表面模型，借助试验，认为模型中应含有足够多的调整参数，以便可通过实验来修正模型。土塑性力学仍在发展中，运用土塑性力学理论来描述金属粉末成形过程是很有前途的方向，但是土塑性力学模型包含有很多试验参数，对于粉末金属而言，这些参数需要经过大量深入的试验获得。

1.4.1.2 基于非连续介质力学的研究

虽然用连续体理论分析金属粉末压制过程已进行了很久，在描述粉末体成形宏观行为方面取得了一定的效果，但是为了研究粉末的微观特性对成形性能的影响，就要运用非连续介质方法，这种方法是将粉末体视为颗粒的集合体，并建立单个颗粒行为与粉末集合体宏观行为的联系。采用这种途径的方法主要是基于密集堆积球形颗粒的微观力学方法。

基于密集堆积球形颗粒的微观力学方法是将粉末体视为颗粒的集合体，粉末颗粒被近似视为弹性形（2D）或球形（3D），并建立单个颗粒行为与粉末集合体宏观行为的联系。Bathurst 假定颗粒间满足线性接触规律（Hooke 定律），颗粒为各向同性，用二维圆盘来表示单元，研究了粉末堆积行为。Kotera 考虑了压制时颗粒形状变化，利用三维颗粒模型描述了粉末压制过程。O' Donnel 研究压制时孔隙的形状对粉末孔隙度-压力关系的影响，研究在二维平面上进行，并考虑了颗粒的塑性变形。另外，

Chang 等对颗粒的各向异性进行了研究。

1.4.2 金属粉末成形过程中裂纹预测

1.4.2.1 金属粉末成形过程中产生的裂纹

在粉末成形过程中，影响裂纹产生的因素很多，粉末材料组成和制粉工艺、压制工艺、模具结构、脱模工艺不适当都可能引起裂纹产生。对粉末体压制过程中产生裂纹的主要原因，目前说法不一。Kabayashi 认为，粉体材料在压制过程中有一个相对密度的极限，在这个极限之下，材料承受拉应力的能力为零，如果某个点相对密度接近该极限，并具有进一步下降的趋势，就会产生裂纹。而 Lewis 则认为应力集中、应变集中从而引起体积应变为正是产生裂纹的主要原因。Okimoto 则认为横截面变化分界处介质之间相对滑动（尤其是成形最后瞬间）是产生裂纹的主要原因。David 认为粉末成形裂纹应分为压制时粉末颗粒未黏合和颗粒之间黏合后又开裂两大类，他按照裂纹形成的原因对金属粉末成形过程中产生的裂纹进行如图 1-2 所示分类。

1.4.2.2 裂纹预测研究现状

目前，粉末成形过程中产生的裂纹主要基于损伤力学方法进行研究。损伤力学主要研究材料内部微缺陷的产生和发展引起的宏观力学效应及最终导致材料破坏的过程和规律，它采用金属物理学、材料力学、连续介质力学等统一起来的观点进行研究，不仅描述了含有大量细微空隙材料即损伤材料的性质，而且研究直到宏观裂纹出现的整个过程，并在此基础上把材料的损伤破坏和裂纹扩展统一了起来。从研究方法上，损伤力学研究学派可分为两大类：宏观方法和细观方法。

唯象的宏观方法是一种典型的场论方法，它的理论基础是宏观的连续介质力学和连续介质热力学，因此又称为连续介质损伤力学。它通过引进表征材料内部各类微细缺陷的损伤内变量，建

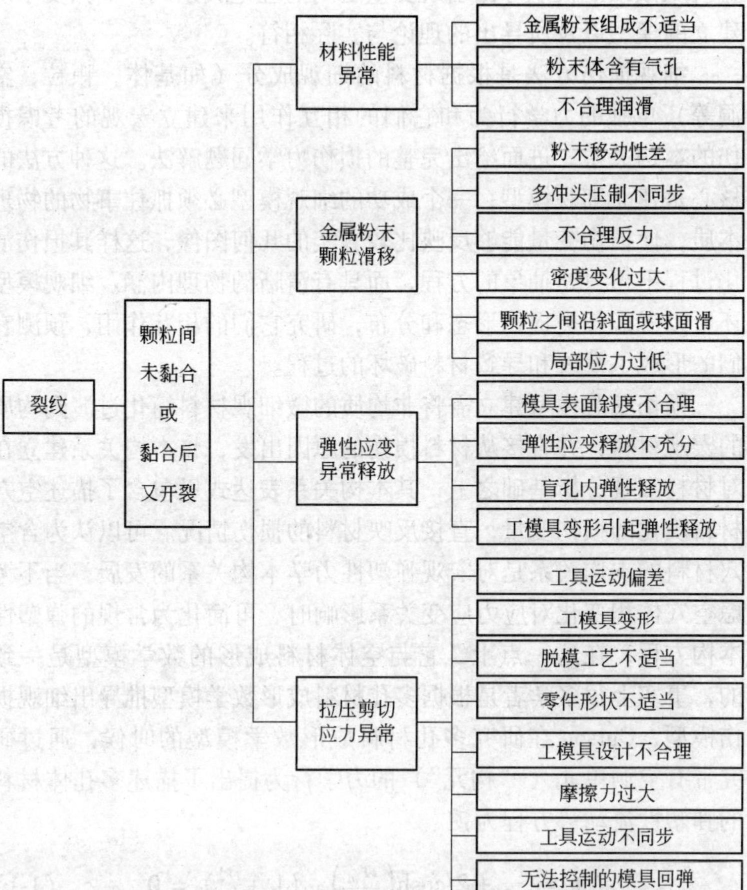

图 1-2 生坯产生裂纹原因

立适当的损伤模型，在不可逆热力学公式和连续介质力学的均衡定律基础上导出损伤本构关系，用损伤广义力表征微细观缺陷对损伤的作用和影响，建立唯象的损伤演变方程，对材料的损伤进行描述和分析。这一方法虽然需要细观模型的启发，但并不需要直接从微细观机制导出宏观变量之间的理论关系式，而只要求所建立的模型以及所导出的理论与实际相符。

细观损伤方法是根据材料的细观成分（如基体、颗粒、空洞等）单独的力学行为和它们的相互作用来建立宏观的考虑损伤的本构关系，进而给出完整的损伤力学问题解法。这种方法的核心是建立细观模型，一个成功的细观模型必须抓住事物的物理本质，使损伤变量能够反映比较真实的几何图像，这样其损伤演化过程不再只是抽象的方程，而具有清晰的物理内涵。细观模型还可以考虑各类损伤形态和分布，研究它们的相互作用，预测它们的形成、发展和导致材料破坏的过程。

损伤细观模型建立需将非均质的微细观材料简化过渡到均质的宏观材料，并直接从材料损伤的原因出发，将本构关系建立在对材料细观分析基础之上，其本构关系表达式里包含了描述空穴材料演化的损伤变量，直接反映材料的损伤情况。可以认为含空穴材料的本构关系是对宏观弹塑性力学本构关系的发展，当不考虑空穴体积变化对应力应变关系影响时，可简化为常规的弹塑性本构方程，在这一点上，它与空体材料成形的数学模型是一致的，事实上很多学者是根据多孔材料成形数学模型推导出细观损伤模型，Gurson 在研究多孔材料成形数学模型的时候，通过研究带有空洞单元（“构元”）的力学行为提出了描述多孔体材料的弹塑性流动势方程为：

$$\phi = \frac{Y^2}{Y_0^2} + 2f\cosh\left(\frac{\sigma_m}{2Y_0}\right) - (1 + f^2) = 0 \tag{1-1}$$

式中 Y——空穴材料流动应力；

σ_m——静水应力；

f——空穴体积率。

Gurson 认为 f（空穴密度）达到 100% 时，材料单元完全丧失承载能力。但实际材料失效时，f 达不到 100%。为此 Tvergaard 和 Needleman 考虑空穴周围的非均匀应力场和相邻空穴间相互影响而引入参数 q_1、q_2，对 Gurson 的多孔材料的弹塑性流动势方程进行修改，并用f^*来代替f，其中f^*为f的函数，建立了如下模型：

$$\phi = \frac{Y^2}{Y_0^2} + 2q_1 f^* \cosh\left(\frac{3q_2\sigma_m}{2Y_0}\right) - [1 + (q_1 f^*)^2] = 0 \quad (1\text{-}2)$$

式中 q_1，q_2——考虑空穴周围非均匀应力场和相邻空穴之间相互作用的修正系数。

而f^*为：

$$f^* = \begin{cases} f & f \leqslant f_c \\ f_c + \dfrac{f_u^* - f_c}{f_F - f_c}(f - f_c) & f > f_c \end{cases} \quad (1\text{-}3)$$

f_c是f的一个临界值，当f达到f_c时，空穴开始聚合，随后材料的应力承载能力便迅速衰减。f_F是应力承载能力完全丧失时的空穴体积率，此时$f^* = f_u^*$。

M. Oyane 从自己的多孔材料压制模型出发，提出随着变形进行，当空穴密度达到一个值时材料失效，其损伤模型表达式为：

$$\int_0^{\varepsilon_{eqf}} \left(1 + \frac{\sigma_m}{A\rho^n \sigma_{eq}}\right) \mathrm{d}\varepsilon_{eq} = C\rho_0^B \quad (1\text{-}4)$$

式中 ε_{eqf}——材料出现裂纹时该点的等效应变；

σ_{eq}——基体材料的屈服应力（等效应力）；

$\mathrm{d}\varepsilon_{eq}$——该点的等效应变增量；

ρ——材料的相对密度；

ρ_0——屈服应力为零时材料的相对密度；

A，B，C，n——材料常数。

另外，McClintock 就圆柱和椭圆形空洞，在远场拉应力和轴向拉应力作用下，求得了孔径变化的解析解，但它没有考虑空穴之间的相互作用，也没有考虑次级空洞出现对材料失效的影响。Cockroft 和 Latham 基于最大拉应力是导致材料破坏的主要因素，当单位体积拉力功达到某一临界值时材料发生破坏，建立了损伤模型。S. I. Oh 从空隙成长的观点出发，考虑等效应力影响对Cockroft 和 Latham 模型进行了修改。Borrzo 和 Norris 则考虑静水应力影响均提出自己的材料产生韧性破坏的判据。Feudenthal 认为单位等效应力功达到一定数值时，材料丧失承载能力，提出了韧性断裂准则。周士能和陈志明通过对 35、40Cr 钢等材料试验研究，运用塑性变形能量守恒理论，并认为对于某一种材料来说，只有当塑性变形功和应力三轴度对材料性能的作用之和达到某一临界值时，才能发生韧性破坏，提出了韧性破坏判据。Rice 和 Tracy 则对理想塑性材料中孤立球形空穴在高三轴应力下的近似规律进行了描述。Mackenzie 认为破坏起始的微观过程并不能发生于一个几何点上，而需要一个微小的材料体元，因此提出当有效塑性应变在距切口或裂纹尖端某一距离上达到临界值时，裂纹开裂，由此导出破坏准则。Ghosh 基于滑移带间空穴接触的统计结果，得到一破坏准则。张克实和郑长卿根据材料中空穴中多级形核的特点以及空穴形核由变形和应力共同控制的事实，提出了组合功控制的多级形核理论，并在此基础上改进了塑性本构方程，建立了组合功控制的基于空穴多级形核规律的细观韧性损伤断裂模型。郃卫华和杨秉宪基于自己建立的微空洞损伤模型，提出了一个用于衡量韧性断裂的损伤参数。李国琛基于对空洞形损伤所做的微结构模型分析和试验研究指出，应变软化效应和塑性可膨胀性是损伤的两个主要特征，据此提出两个重要的研究课题：一是如何在连续介质本构方程中计入微空洞所造成的损伤作用和体膨胀；二是出现剪切带状分叉时材料行为所应遵循的加载路径。通过研究，李国琛导出了具有一般性的可膨胀塑性本构方程，它不再限定应力空间中的加载面具有光滑性、凸性及 Drucker 公设、正交法则的有效性，但在无损伤（小应变）情况下，它可以满足 Drucker 公设及相应的凸性和正交法则的有效性，本构关系简化为传统塑性力学中的 Prandtl-Reuss 关系。一旦材料出现软化现象，加载路径将顺应这一情况而改变，从而更真实地反映材料的剪切带损伤和断裂行为。贾建军博士考虑应力三轴度对临界空穴体积率的影响建立了一个空穴型断裂判据。细观损伤力学为损伤变量和损伤演化赋予了真实的几何形象和物理过程，深化了对损伤过程本质的认识。

1.4.3 粉末成形过程仿真的数值计算方法

由于粉末压制过程中，压坯高度减少 40% ~60%，属于几何非线性问题，所以 Gethin、Tran 等人运用大位移有限元方法，大应变公式是 Zienkiewicz 基于 Green 应变张量发展而来。尽管数学公式很复杂，但可以用更新 Lagrange 的方法简化求解，即单元坐标在每个加载步中都更新一次，以上属于位移型的计算方法。Jinka 等、Lewis 运用流动性有限元模拟粉末压制过程，此方法把速度和压力作为基本变量，在大变形理论框架下构造这种混合的有限元公式，其中，速度标示形变，压力标示体积变形，有限元的求解仍采用更新的 Lagrange 方法，但这种方法的计算结果不如位移型好。

由颗粒微观行为求解粉末体宏观行为的数值方法主要分为两种方法，即分子动力学方法（Molecular Dynamic Method，MDM）和个别单元法（Distinct Element Method，DEM）。分子动力学方法是考察分子和晶体点阵的微观层次，建立各个分子的牛顿运动方程，并由单个分子的常微分运动方程对时间积分求得分子之间特有的相对运动和整个系统行为，并据此求出宏观量如颗粒介质的应力张量、密度和温度等。个别单元法考虑了比分子大得多的颗粒，建立各个颗粒的牛顿运动方程，并由单个颗粒的常微分运动方程对时间积分求得颗粒之间特有的相对运动和整个系统行为，并据此求出宏观量如颗粒介质的应力张量、密度和温度等。分子动力学方法和个别单元法的差别还表现在颗粒间作用力类型和能量耗散上。分子动力学方法使用能量守恒原理，并利用各种势函数求解力-位移关系。个别单元法接触力由力-位移规律给出，在接触点切向和法向引入非线性黏弹性模型，并考虑摩擦因素。

1.5 目前计算机仿真与缺陷预测应用

Hwang 对圆柱体和台阶零件的压制过程进行了数值模拟，他认为粉末体的抗拉应力应小于抗拉应力，并据此修改了 Doraivelu 屈服准则，即：将椭球形屈服表面应向压缩一边平移一个量 p(p 为相对密度的函数)，结果屈服表面在 Rendulic 应力平面内 ($\tau^{*} - \sigma_m^{*}$) 与试验值接近，但他未对台阶仿真结果与实验结果比较。Henry 和 McCabe 模拟出了不同高径比圆柱体压坯的密度梯度，他们认为屈服表面为一簇强化的椭圆表面，并在簇椭圆面表面上穿过一条临界状态线，材料弹性性能参数是坯体密度函数(必须严格从实验中得出)，模拟结果与实验值一致。Rachakonda、McCabe 和 Henry 等以 NIKE2D 软件为平台，运用 Kuhn 准则和 Shima 准则相接合，对有台阶的粉末压制零件进行了模拟，结果未与实验结果比较。Hehenberger 以 ADINA 软件为平台，分别用 DiM. -S. 帽子模型和 D-P 帽子模型（Bathe 和 Crawford 将两种模型融入软件）对圆柱体坯体单向压制过程进行了模拟，结果显示 DiM. -S. 帽子模型在这类简单问题运用上精度足够，D-P 帽子模型也可使用，但是这两种模型未考虑破坏面上的非关联行为，因此不能描述屈服表面中破坏面上的应变硬化。

法国的 B. Benuani 等将修改后的 Gurson 模型融入到 ASTRID 有限元代码中分析预测了多空体材料在镦粗和多步锻造中的缺陷预测。Morimoto 和 Lewis 分别基于自己的理论对 T 型截面粉体零件在压制过程中产生的裂纹进行了预测。Okimoto 则认为横截面变化分解处粉末层相对滑动（尤其是成形最后瞬间）是产生裂纹的主要原因，Okimoto 基于此并利用 M. Oyane 缺陷预测模型对硬酯合金粉末零件压制过程进行了缺陷预测。

2 粉末金属成形数值模拟关键技术

2.1 基于有限变形理论的粉末体成形屈服理论

大变形过程数值模拟成功的关键，主要在于描述材料流动的本构方程的准确性。因为粉末压制过程涉及材料的大运动、大转动和变形，本书使用有限变形理论对该过程进行描述，并建立本构模型。

首先运用各向同性、塑性以及超弹性公式建立基于有限变形理论的材料模型框架。

为了构造本构模型，需要区分两个不同的变形过程：

（1）作为理想化连续体的粉末团聚体的变形——经典的宏观层次；

（2）单个颗粒的变形——颗粒的或微观的层次。

在宏观层次，设想材料单元足够大，其中包括许多粉末颗粒。连续体场变量，如应力 T，代表一个许多颗粒组成的宏观层次的平均值。然而在每个颗粒的内部，存在真实的应力分布。这种应力分布的确定需要求解在微观层次上的边界值问题，即需要知道每个颗粒的准确的几何信息。但是这个条件很难实现。因此对微观颗粒的应力分布也是在等效、一维平均的意义上描述。为此需要在宏观材料单元体上定义从颗粒的真实值在概念上平均获得的颗粒的量。

这种概念上的区分，是为了能够至少在平均的意义上描述粉末团聚体和粉末颗粒的内部状态变量的演变。而且从更实际的观点看，这种区分便于模型描述不同的颗粒材料行为。

在此希望考虑的变形现象为：

（1）粉末团聚体的弹性变形。目前刚塑性模型和弹塑性模型都被运用过。本书考虑粉末压坯的弹性行为是由于弹性在压制脱模时对应力分布的影响较大。而且不考虑弹性回复，脱模后压坯的尺寸也不能精确预测。

（2）粉末团聚体的塑性变形。

（3）粉末团聚体因致密行为产生的几何硬化。

（4）粉末颗粒的塑性变形。

（5）粉末颗粒的应变硬化。

假设材料为理想化的与速率无关塑性材料。所有粉末金属的压制都是在室温下进行。

粉末金属成形，虽然在低密度时会发生滑移和重组。对于塑性和不规则形状颗粒而言，当相对密度大于0.6时，忽略滑移得到的解足够准确。为了能够建立描述粉末成形的屈服理论框架，本书提出两点假设：

（1）粉末团聚体的塑性变形仅仅是由于粉末颗粒塑性变形的结果。粉末压制过程的其他机理，如颗粒滑移和颗粒重组对团聚体塑性变形的影响可以忽略。

（2）孔隙结构（孔隙几何形状改变）对团聚体力学响应的影响是通过团聚体相对密度对粉末颗粒力学响应来修正。这也即是假设由于孔隙的形状和取向带来的各向同性足够小，可以忽略。

这两个假设是为了简化而引入的。前者给计算粉末颗粒的硬化状态带来极大的方便。显然，这只是近似的求解。

按照第二条假设，当考虑颗粒间孔隙的织构时，就可以分析粉末的各向异性。但是目前还没有实验研究铁粉的各向异性。下面给出基于有限变形理论的粉末体成形塑性理论框架建立过程。

2.1.1 粉末颗粒的本构方程

颗粒的变形理论仅仅涉及颗粒的等效一维塑性变形，所以颗粒的本构方程也是在此基础上进行描述。假设粉末材料是弹塑性的，具有各向同性弹性和各向同性硬化性能。最简单、最常用的描述与速率无关弹塑性变形的模型是经典的 J_2' 流动理论。这个经典模型的主要方面包括：

（1）任何时间下材料单元的状态由等效应力 $\overline{\sigma}$ 描述，即各向同性变形抗力或流动强度。这是一个内部状态标量。在此表示为 H，总是正值，具有应力的量纲。

（2）变形抗力改变的速率通过硬化方程与等效塑性应变速率成线形关系：

$$\dot{H} = h\dot{\overline{\varepsilon}}^p \tag{2-1}$$

其中：

$$h = \hat{h}(H) \tag{2-2}$$

对于 $h>0$ 或 $h=0$，材料就被分别看作是应变硬化或理想塑性体。

（3）发生塑性变形时，屈服条件 $\overline{\sigma}$ 必须满足。当相容条件满足时即可实现：

$$\dot{\overline{\sigma}} = \dot{H} \tag{2-3}$$

最后，从演变方程式（2-1）和相容条件式（2-3），可以得到：

$$h \equiv \frac{\mathrm{d}\overline{\sigma}}{\mathrm{d}\overline{\varepsilon}^p} \tag{2-4}$$

式中，h 等于真实应力与对数塑性应变曲线斜率，曲线从单向拉伸或压缩实验中得到。

2.1.2 粉末团聚体的本构方程

按照前面的假设，本构方程限于各向同性，并且只需考虑内部标量。（注：如果考虑粉末团聚体的各向异性，如孔隙的形状和取向、方向硬化等，需要引入张量型的内部变量。）在此运用各向同性超弹性公式来描述作为运动速率函数的应力状态的演化。这种选择体现了模型的框架无关性。对于大变形，这是必须的。Cauchy 应力 $\boldsymbol{T}$ 的演化方程为：

$$\overset{\triangledown}{\boldsymbol{T}} = \hat{c}(R)[\boldsymbol{D} - \boldsymbol{D}^p] \tag{2-5}$$

式中，拉伸张量 $\boldsymbol{D}$，为速度梯度张量 $\boldsymbol{L}$ 的对称部分，可以分解为弹性和塑性部分：

$$\boldsymbol{D} = \boldsymbol{D}^e + \boldsymbol{D}^p \tag{2-6}$$

Cauchy 应力的 Jaumann 导数 $\overset{\triangledown}{\boldsymbol{T}}$ 定义为：

$$\overset{\triangledown}{\boldsymbol{T}} = \dot{\boldsymbol{T}} - \boldsymbol{WT} + \boldsymbol{TW} \tag{2-7}$$

式中，$\boldsymbol{W} = \frac{1}{2}(\boldsymbol{L} - \boldsymbol{L}^T)$ 是自旋张量。四次各向同性弹性张量 $\hat{c}$，代表粉末团聚体的弹性模量。其与密度有关，定义如下：

$$\hat{c} = 2G\boldsymbol{I} + (K - (2/3)G)\boldsymbol{l} \otimes \boldsymbol{l},\ G = \hat{G}(R),\ K = \hat{K}(R) \tag{2-8}$$

式中 G，K——分别为剪切和体积模量；

$\boldsymbol{l}$，$\boldsymbol{I}$——分别为二次和四次单位张量。

将塑性拉伸量分解为偏量和静水部分：

$$\boldsymbol{D}^p = \boldsymbol{D}^{p'} + \frac{1}{3}(\mathrm{tr}\boldsymbol{D}^p)\boldsymbol{l} \tag{2-9}$$

$$= \frac{1}{\sqrt{2}}\bar{\gamma}^p\boldsymbol{N} + \dot{\varepsilon}_v^p\boldsymbol{l} \tag{2-10}$$

$$= \dot{\Lambda}\boldsymbol{N}^p \tag{2-11}$$

式中 $\bar{\gamma}^p = \sqrt{2}\|\boldsymbol{D}'\|$——等效塑性剪切应变率；

$\dot{\varepsilon}_v^p$——塑性膨胀率；

$\boldsymbol{N}$——与 $\boldsymbol{D}^{p'}$ 同轴的单位偏张量；

$\boldsymbol{N}^p$——与 $\boldsymbol{D}^p$ 同轴的单位张量；

$\dot{\Lambda}$——标量参数。

粉末团聚体的流动定律可表示为：

$$\boldsymbol{N}^p = f(\boldsymbol{T}) \tag{2-12}$$

由相对密度表示的连续方程为：

$$\dot{R} = -R\mathrm{tr}\boldsymbol{D}^p \tag{2-13}$$

式（2-13）隐含着 R 为材料在无应力状态下的相对密度。

2.1.3 宏观量与颗粒量的联系

定义粉末基体材料的微观量（$\dot{\varepsilon}^p$，$\overline{\sigma}$，H）的平均值与粉末团聚体宏观量的联系是基于以下特性：

（1）平均量满足原先形式的本构方程。

（2）通过单位质量的塑性变形功相等，将基体材料的塑性变形量（平均意义上的）与粉末团聚体的变形量联系起来。

$$\boldsymbol{T}\boldsymbol{D}^p = R\overline{\sigma}\,\dot{\varepsilon}^p \tag{2-14}$$

（3）存在一个以相对密度 R 为参数的标量函数 ϕ，将粉末宏观偏应力模量 S 和静水应力 p 与颗粒偏应力模量 s 联系起来。其关系可表示为：

$$\hat{\phi}(S, p, R, s) = 0 \tag{2-15}$$

其中 S 和 p 定义为：

$$S = \boldsymbol{T} - \frac{1}{3}(\mathrm{tr}\boldsymbol{T})\boldsymbol{l} = \boldsymbol{T} + p\boldsymbol{l} \tag{2-16}$$

另外，$s = \sqrt{\frac{2}{3}}\overline{\sigma}$。$\phi$ 被看作宏观屈服函数，当粉末颗粒屈服时函数成立。

运用正则流动定律，并设宏观屈服函数与塑性势函数重合，可得：

$$N^p = \partial_T \hat{\phi} \tag{2-17}$$

在与速率无关的理论中，塑性拉伸张量 $\boldsymbol{D}^p$ 由屈服函数描述。这是一个非平滑的函数，由开关量来区分弹性和弹塑性阶段。如果现在的应力状态在屈服表面以内，或者在屈服表面上，但同时一个试探应力变化率 $\dot{\boldsymbol{T}}^{trial} = \hat{c}(R)[\boldsymbol{D}]$ 点的方向朝向屈服表面切线平面的内侧，即如果 $\boldsymbol{N}^p\dot{\boldsymbol{T}}^{trial} \leqslant 0$ 时，此过程就定义为弹性，并且 $\langle\dot{\lambda}\rangle = 0$。否则，$\langle\dot{\lambda}\rangle = \dot{\lambda}$，过程为弹塑性。

$$\langle\dot{\lambda}\rangle = \begin{cases} \dot{\lambda} & \text{如果 } \phi = 0 \text{ 且 } \boldsymbol{N}^p\dot{\boldsymbol{T}}^{trial} > 0 \\ 0 & \text{如果 } \phi < 0 \text{ 或 } \phi = 0 \text{ 且 } \boldsymbol{N}^p\dot{\boldsymbol{T}}^{trial} \leqslant 0 \end{cases} \tag{2-18}$$

在任何变形条件下，以上表达的本构方程式足够确定参数 $\langle\dot{\lambda}\rangle$ 的值。

习惯上，将应力模量写成应力不变量的形式：$S = J_2'$ 以及 $p = \frac{1}{3}J_1$。则宏观屈服函数式可写成：

$$\hat{\phi}(J_2', J_1, R, s) = 0 \tag{2-19}$$

至此，基于有限变形理论的粉末体成形屈服理论的框架就建立了。描述粉末材料变形的数学模型便可以在这个框架下建立。下面研究模型中参数的变化关系，进一步构造屈服函数和完成流动定律的实际表达。

2.1.4 关联或非关联本构关系

在由屈服函数推导本构关系时，可以按关联法则或非关联法则进行求解。一般在致密金属成形分析中，应力应变关系的推导都是依据塑性势函数与屈服函数一致时的关联法则求解的。当时在土塑性力学中，常常运用到非关联法则，即塑性势函数与屈服函数不一致的情况。这时塑性应变增量方向与塑性势面正交，但与屈服面不正交。

对于粉末成形建模，当然需要分析关联与非关联法则对求解本构关系的影响。

2.1.4.1 非关联流动法则

定义塑性流动与弹性应变成比例关系：

$$\varepsilon^p = \dot{\lambda}\varepsilon^e = \dot{\lambda}(\varepsilon - \varepsilon^p) \tag{2-20}$$

2.1.4.2 关联流动法则

$$\varepsilon^p = \dot{\lambda}\frac{\partial\phi}{\partial\sigma} \tag{2-21}$$

此时塑性应变增量与屈服面处处正交。但是上式的成立必须满足：

$$\dot{\lambda} \geqslant 0 \quad \phi(\sigma, \rho) \leqslant 0 \quad \dot{\lambda}\phi(\sigma, \rho) = 0 \tag{2-22}$$

分别运用关联流动法则和非关联流动法则，进行三向压制（等静压加上单向压缩）过程数值模拟。用实验来对关联流动法则和非关联流动法则进行评价，实验步骤为：先进行等静压制直到压力 P 为 400MPa 时，然后保持此等静压力下进行单向压缩。压坯初始高度为 24mm，直径为 20mm。材料性能为：杨氏模量为 2.0e3 MPa；泊松比为 0.37；初始密度为 3.67g/cm^3；致密材料密度为 7.5g/cm^3；初始相对密度为 0.489；屈服应力为 90MPa。模拟结果与实验结果对比见图 2-1。

图 2-1 为在不同的静水压力下，粉末密度与压坯轴向变形的关系。运用关联流动法则和非关联流动法则求得的结果与实验结果对比表明：运用关联流动法则的结果与实验结果更接近。这说明金属粉末在屈服变形时，塑性应变增量方向描述为与屈服面正交更符合实际，即使是在压制初期，压坯密度较低的情况下也是这样。

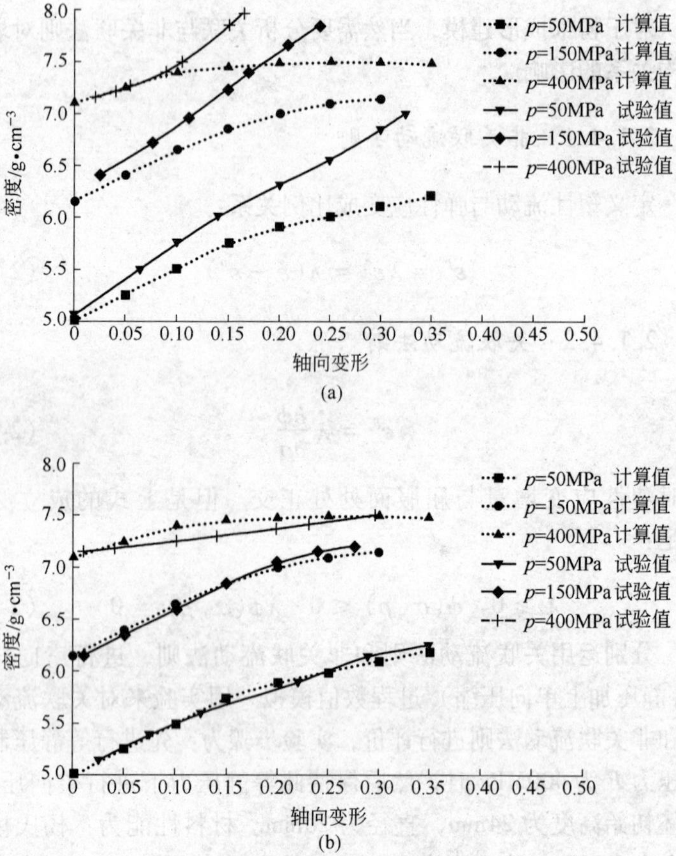

图 2-1 三向压制实验

（a）非关联流动法则；（b）关联流动法则

2.2 粉末成形的有限元计算方法

2.2.1 弹塑性有限元方程的建立

基于有限变形理论精确描述物体大位移、大转动、大应变的弹塑性有限元理论实际上在 20 世纪 70 年代早期就已产生。Hibbitt、McMeeking 等人导出了可用于大变形弹塑性计算的有限元列式。但是由于大变形理论数学推导复杂、计算量大，在当时并没有得到广泛的应用。大变形理论和小变形理论最大的不同在于描述变形体位移和应变关系的几何方程。在经典弹性理论和小变形塑性理论中均假定变形体的位移、转动和应变是很小的，而且在变形体变形时载荷方向不变，从而得到线性的几何方程。然而对于粉末成形问题，上述假定不再成立，可能出现大位移、大转动以及大应变、载荷方向随着变形而发生大的变化等情况，任何一种情况都会使几何方程中的二阶项不能略去，从而成为非线性方程。这类非线性称为几何非线性。如果变形体的几何方程是非线性的，本构关系是弹塑性的，则称其为大变形弹塑性问题。粉末成形很大一部分可归结为这一类问题。由于几何非线性和材料非线性各自特点不同，本节将分别讲述其理论基础，并在下节中针对粉末成形的特点建立的有限元方程。

2.2.1.1 弹塑性有限元方程的建立

由于金属塑性加工是不可逆的，变形功一部分转变成热能。材料的性质与应力和变形的历史有关，即是由加载和卸载的历程决定的。因此，原则上不能用应力与应变分量的全量形式（形变理论）来描述弹塑性变形的本构关系，而应该采用微分形式，即增量理论来描述。

材料由弹性转入弹塑性变形后，应变分量 $d\varepsilon_{ij}$ 为弹性应变分量增量 $d\varepsilon_{ij}^{e}$ 和塑性应变分量增量 $d\varepsilon_{ij}^{p}$ 之和：

$$d\varepsilon_{ij} = d\varepsilon_{ij}^{e} + d\varepsilon_{ij}^{p} \tag{2-23}$$

塑性应变分量的增量满足：

$$d\varepsilon_{ij}^{p} = d\lambda \frac{\partial f}{\partial \sigma_{ij}} \tag{2-24}$$

式中　$d\lambda$——正比例函数；

$\varepsilon_{ij}, \sigma_{ij}$——应力和应变张量。

式（2-24）称为相关正交流动法则。它表明，塑性应变增量方向是该点屈服面的法线方向。

利用弹性应力应变关系，可将应力增量表示成：

$$d\sigma_{ij} = D^e_{ijkl} d\varepsilon^e_{kl} = D^e_{ijkl} d\varepsilon_{ij} - D^e_{ijkl} d\lambda \frac{\partial f}{\partial \sigma_{ij}} \tag{2-25}$$

式中 D_{ijkl}——四阶材料本构张量。

通常情况，屈服函数是应力分量和塑性应变的函数，可表示成：

$$f(\sigma_{ij}, \varepsilon^p_{ij}) = 0 \tag{2-26}$$

微分式(2-26)：

$$\frac{\partial f}{\partial \sigma_{ij}} d\sigma_{ij} + \frac{\partial f}{\partial \varepsilon^p_{ij}} d\varepsilon^p_{ij} = 0 \tag{2-27}$$

式中，$\frac{\partial f}{\partial \varepsilon_{ij}}$是与变形强化有关的物理量。

将式（2-44）、式（2-45）代入式（2-47）整理后得：

$$d\lambda = \frac{\frac{\partial f}{\partial \sigma_{ij}} D^e_{ijkl} d\varepsilon_{kl}}{\frac{\partial f}{\partial \sigma_{ij}} D^e_{ijkl} \frac{\partial f}{\partial \sigma_{kl}} - \frac{\partial f}{\partial \varepsilon^p_{ij}} \frac{\partial f}{\partial \sigma_{ij}}} \tag{2-28}$$

将式（2-28）代回式（2-25）得：

$$d\sigma_{ij} = (D^e_{ijkl} - D^p_{ijkl}) d\varepsilon_{kl} = D^{ep}_{ijkl} d\varepsilon_{kl} \tag{2-29}$$

式中 D^{ep}_{ijkl}——弹塑性矩阵。

$$D^{ep}_{ijkl} = D^e_{ijkl} - \frac{D^e_{ijmn} \frac{\partial f}{\partial \sigma_{mn}} D^e_{ijkl} \frac{\partial f}{\partial \sigma_{kl}}}{\frac{\partial f}{\partial \sigma_{ij}} D^e_{ijkl} \frac{\partial f}{\partial \sigma_{kl}} - \frac{\partial f}{\partial \varepsilon^p_{ij}} \frac{\partial f}{\partial \sigma_{ij}}} \tag{2-30a}$$

或将式（2-30a）表示成矩阵形式：

$$[\boldsymbol{D}^{ep}] = [D^e] - \frac{[D^e]\left\{\frac{\partial f}{\partial \boldsymbol{\sigma}}\right\}\left\{\frac{\partial f}{\partial \boldsymbol{\sigma}}\right\}^{\mathrm{T}}[D^e]}{\left\{\frac{\partial f}{\partial \boldsymbol{\sigma}}\right\}^{\mathrm{T}}[D^e]\left\{\frac{\partial f}{\partial \boldsymbol{\sigma}}\right\} - \left\{\frac{\partial f}{\partial \boldsymbol{\varepsilon}^p}\right\}\left\{\frac{\partial f}{\partial \boldsymbol{\sigma}}\right\}} \quad (2\text{-}30\text{b})$$

从以上推导过程中不难看出，弹塑性矩阵在很大程度上取决于给定的屈服函数。不同的屈服函数的假设形式，将导致不同的弹塑性矩阵。

在进行弹塑性分析时，通常将整个载荷分解成若干个增量步，对每一载荷增量进行求解。假设对于时刻 t 位移 ${}^t u_i$、应变 ${}^t \varepsilon_{ij}$ 和应力 ${}^t \sigma_{ij}$ 已经得到，当时间过渡到 $t + \Delta t$ 时刻（在这里 t 仅是一个当量参数，表示加载与求解的过程，它不是一个实际参数，因为这里所考虑的弹塑性问题与时间无关）载荷和位移边界条件有一增量，即：

$$\begin{aligned} {}^{t+\Delta t}\overline{F}_i &= {}^t\overline{F}_i + \Delta\overline{F}_i \\ {}^{t+\Delta t}\overline{T}_i &= {}^t\overline{T}_i + \Delta\overline{T}_i \\ {}^{t+\Delta t}\overline{u}_i &= {}^t\overline{u}_i + \Delta\overline{u}_i \end{aligned} \quad (2\text{-}31)$$

式中 $\overline{F}_i$，$\overline{T}_i$，$\overline{u}_i$ ——分别是体力、外载荷和位移边界条件。

现在要求解 $t + \Delta t$ 时刻的位移、应变和应力：

$$\begin{aligned} {}^{t+\Delta t}u_i &= {}^t u_i + \Delta u_i \\ {}^{t+\Delta t}\varepsilon_{ij} &= {}^t\varepsilon_{ij} + \Delta\varepsilon_{ij} \\ {}^{t+\Delta t}\sigma_{ij} &= {}^t\sigma_{ij} + \Delta\sigma_{ij} \end{aligned} \quad (2\text{-}32)$$

它们应满足的方程和边界条件是：

平衡方程

$${}^{t+\Delta t}\sigma_{ij,j} + {}^{t+\Delta t}\overline{F}_i = 0 \qquad 在 V 域内 \quad (2\text{-}33)$$

几何方程

$${}^{t+\Delta t}\varepsilon_{ij} = \frac{1}{2}({}^{t+\Delta t}u_{i,j} + {}^{t+\Delta t}u_{j,i}) \qquad 在 V 域内 \quad (2\text{-}34)$$

本构关系

$$\Delta\sigma_{ij} = {}^{\tau}D_{ijkl}^{ep}\Delta\varepsilon_{ij} \quad (t \leqslant \tau \leqslant t + \Delta t) \qquad 在 V 域内 \tag{2-35}$$

边界条件

$${}^{t+\Delta t}\sigma_{ij}n_j = {}^{t+\Delta t}\overline{T}_{ij} \qquad 在 S_T 上 \tag{2-36}$$

$${}^{t+\Delta t}u_i = {}^{t+\Delta t}\overline{u}_i \qquad 在 S_u 上 \tag{2-37}$$

可以看出，在一个增量步内，小变形弹塑性分析，除本构关系式（2-35）外，其他方程和边界条件与线弹性问题是一样的。

通过建立增量形式的虚位移原理，可以得到弹塑性有限元方程。如果 $t+\Delta t$ 时刻的应力 ${}^{t+\Delta t}\sigma_{ij}$ 和体力 ${}^{t+\Delta t}\overline{F}_i$ 及边界载荷 ${}^{t+\Delta t}\overline{T}_i$ 满足平衡方程，则此力系在满足几何方程 $\delta(\Delta\varepsilon_{ij}) = \frac{1}{2}\delta(\Delta u_{i,j} + \Delta u_{j,i})$ 和位移边界条件的虚位移 $\delta(\Delta\overline{u}_i) = 0$ 的总虚功等于零，即：

$$\int_v ({}^t\sigma_{ij} + \Delta\sigma_{ij})\delta(\Delta\varepsilon_{ij})\mathrm{d}v - \int_v ({}^t\overline{F}_i + \Delta\overline{F}_i)\delta(\Delta u_i)\mathrm{d}v - \int_{S_T} ({}^t\overline{T}_i + \Delta\overline{T}_i)\delta(\Delta u_i)\mathrm{d}S = 0 \tag{2-38}$$

将式（2-55）代入式（2-38），则可得：

$$\int_v {}^{\tau}D_{ijkl}^{ep}\Delta\varepsilon_{kl}\delta(\Delta\varepsilon_{ij})\mathrm{d}v - \int_v \Delta\overline{F}_i\delta(\Delta u_i)\mathrm{d}v - \int_{S_T} \Delta\overline{F}_i\delta(\Delta u_i)\mathrm{d}s$$
$$= -\int_v {}^t\sigma_{ij}\delta(\Delta\varepsilon_{ij})\mathrm{d}v + \int_v \overline{F}_i\delta(\Delta u_i)\mathrm{d}v + \int_{S_T} {}^t\overline{T}_i\delta\Delta u_i\mathrm{d}s \tag{2-39a}$$

写成矩阵形式如下：

$$\int_v \delta(\Delta\boldsymbol{\varepsilon})^T[{}^{\tau}\boldsymbol{D}^{ep}]\Delta\boldsymbol{\varepsilon}\mathrm{d}v - \int_v \delta(\Delta\boldsymbol{\varepsilon})^T\Delta\overline{\boldsymbol{F}}\mathrm{d}v - \int_{S_T} \delta(\Delta\boldsymbol{u})^T\Delta\overline{\boldsymbol{T}}\mathrm{d}s$$
$$= -\int_v \delta(\Delta\boldsymbol{\varepsilon})^{Tt}\boldsymbol{\sigma}\mathrm{d}v + \int_v \delta(\Delta\boldsymbol{u})^{Tt}\overline{\boldsymbol{F}}\mathrm{d}v + \int_{S_T} \delta(\Delta\boldsymbol{u})^{Tt}\overline{\boldsymbol{F}}\mathrm{d}s \tag{2-39b}$$

式（2-39a）、式（2-39b）即为增量形式的虚位移原理。式子右端是考虑 ${}^t\sigma_{ij}$、${}^t\overline{F}_i$、${}^t\overline{T}_i$ 在 t 时刻计算结束时，可能不精确满足平

衡而引入的修正项。

将单元位移增量表示成节点位移增量的插值形式：

$$\Delta \boldsymbol{u} = N\Delta\{a^e\} \tag{2-40}$$

几何方程

$$\Delta \boldsymbol{\varepsilon} = \{B\}\Delta\{a^e\} \tag{2-41}$$

将式（2-41）代入式（2-39b），并由虚位移的任意性，经单元组装，得到有限元系统方程：

$$\{{}^{\tau}K^{ep}\}\Delta\{a\} = \Delta\{Q\} \tag{2-42}$$

式中，$\{{}^{\tau}K^{ep}\}$、$\Delta\{a\}$、$\Delta\{Q\}$ 分别称为系统弹塑性刚度矩阵、增量位移向量、不平衡力向量：

$$\{{}^{\tau}K^{ep}\} = \sum_e \{{}^{\tau}K^{ep}\}^e,\ \Delta\{a\} = \sum_e \Delta\{a\}^e$$

$$\Delta\{Q\} = \{{}^{t+\Delta t}Q_l\} - \{{}^{t}Q_i\} = \sum_e \{{}^{t+\Delta t}Q_l\}^e - \sum_e \{{}^{t}Q_i\}^e \tag{2-43}$$

其中：

$$\{{}^{\tau}K^{ep}\}^e = \int_{ve} \{B\}^T\{{}^{\tau}D^{ep}\}\{B\}\mathrm{d}v \tag{2-44}$$

$$\{{}^{t+\Delta t}Q_l\}^e = \int_{ve} \{N\}^T\{{}^{t+\Delta t}\overline{F}\}\mathrm{d}v + \int_{S_T^e} \{N\}^T\{{}^{t+\Delta t}\overline{T}\}\mathrm{d}s \tag{2-45}$$

$$\{{}^{t}Q_i\}^e = \int_{ve} \{B\}^T\{{}^{t}\boldsymbol{\sigma}\}\mathrm{d}v \tag{2-46}$$

以上 ${}^{t+\Delta t}Q_l$、${}^{t}Q_i$ 分别代表外加载荷向量和内力向量，所以，ΔQ 称为不平衡向量。

从上述弹塑性有限元系统推导过程可见，对于每一增量步长，除弹塑性矩阵外，其他步骤和最后得到的系统求解方程均与线弹性力学有限元方法相同。

2.2.1.2 弹塑性有限元分析中的单元应力计算

通过引入弹塑性矩阵，可以很方便地将线弹性有限元方法推广到弹塑性情况。由式（2-30）可以看出，在弹塑性矩阵的计算中，［$\boldsymbol{D}^e$］是弹性矩阵，$\left\{\frac{\partial f}{\partial \sigma_{ij}^e}\right\}$是与材料强化性质相关的物理量，二者属材料性质，在计算时，已经给出。而$\left\{\frac{\partial f}{\partial \sigma_{ij}}\right\}$是一个应力有关的向量（实际上$\left\{\frac{\partial f}{\partial \varepsilon_{ij}^p}\right\}$仅对于理想弹塑性模型和线性强化模型是常数，对于别的材料模型仍与当时的应力水平有关）。要得到准确的弹塑性矩阵，关键必须计算出可靠的应力值。

一个弹塑性物体的实际变形一般都要经过弹性阶段和弹塑性阶段。在弹塑性阶段中又有弹性卸载、弹塑性再加载等情况。因此，对应力的计算就应区分变形体的弹性区和弹塑性区，以及在某一级增量载荷的过程中由弹性过渡到弹塑性的过渡区，分别对变形体不同的特性区采用不同的计算方法。

增量形式的弹塑性本构关系，是以应力和应变的无限小增量 $\mathrm{d}\boldsymbol{\sigma}$ 和 $\mathrm{d}\boldsymbol{\varepsilon}$ 给出的。而在有限元的数值计算中，载荷增量 ΔR 是以有限大小形式给出的，从而应力增量 $\Delta\bar{\sigma}$ 和应变增量 $\Delta\bar{\varepsilon}$ 也是以有限大小的形式给出，如式（2-36）。可以利用数值积分的方法得到应力的有限增量 $\Delta\bar{\sigma}$ 和应变的有限增量 $\Delta\bar{\varepsilon}$ 之间的关系：

$$\Delta\boldsymbol{\sigma} = \int_{{}^t\boldsymbol{\varepsilon}}^{{}^t\boldsymbol{\varepsilon}+\Delta\boldsymbol{\varepsilon}} [D^{ep}]\,\mathrm{d}\boldsymbol{\varepsilon} \tag{2-47}$$

由于［D^{ep}］与 $\Delta\bar{\sigma}$ 有关，式（2-49）显然是非线性的。

在载荷增量 ΔR 作用的前后，所考虑的单元在高斯积分点上介质可能是处于弹性状态，也可能是塑性状态，故首先必须判断其所处的状态。

当弹性应力增量 $\mathrm{d}\sigma^e$ 指向应力屈服面外侧，即：

$$f(\boldsymbol{\sigma} + \mathrm{d}\boldsymbol{\sigma}^e, \boldsymbol{\varepsilon}^p) > 0 \tag{2-48}$$

时为加载，介质处于塑性状态。

当弹性应力增量 $\mathrm{d}\sigma^e$ 指出应力屈服面内侧或和应力屈服而相切时，即：

$$f(\boldsymbol{\sigma} + \mathrm{d}\boldsymbol{\sigma}^{e}, \boldsymbol{\varepsilon}^{p}) \leqslant 0 \tag{2-49}$$

时为卸载和中性变载，反应是纯弹性的。

设在载荷 ${}^{t}R$ 下应力 ${}^{t}\boldsymbol{\sigma}$ 和塑性应变 ${}^{t}\boldsymbol{\varepsilon}^{p}$ 对应于一个弹性状态，即：

$${}^{t}f = f({}^{t}\boldsymbol{\sigma}, {}^{t}\boldsymbol{\varepsilon}^{p}) < 0 \tag{2-50}$$

在载荷增量 ΔR 作用下，处于塑性状态：

$${}^{\Delta t+t}f = f({}^{t}\boldsymbol{\sigma} + \Delta\boldsymbol{\sigma}^{e}, {}^{t}\boldsymbol{\varepsilon}^{p}) > 0 \tag{2-51}$$

注意上式中仍使用 ${}^{t}\boldsymbol{\varepsilon}^{p}$。

这时可由屈服条件：

$$f({}^{t}\boldsymbol{\sigma} + r\Delta\boldsymbol{\sigma}^{e}, {}^{t}\boldsymbol{\varepsilon}^{p}) = 0 \tag{2-52}$$

确定弹性部分和塑性部分的比例因子 r。

这样本构关系式（2-67）可具体写成：

$$\begin{aligned}
\Delta\boldsymbol{\sigma} &= \int_{{}^{t}\boldsymbol{\varepsilon}}^{{}^{t}\boldsymbol{\varepsilon}+r\Delta\boldsymbol{\varepsilon}} [D^{e}]\,\mathrm{d}\boldsymbol{\varepsilon} + \int_{{}^{t}\boldsymbol{\varepsilon}+r\Delta\boldsymbol{\varepsilon}}^{{}^{t}\boldsymbol{\varepsilon}+\Delta\boldsymbol{\varepsilon}} [D^{ep}]\,\mathrm{d}\boldsymbol{\varepsilon} \\
&= r[D^{e}]\Delta\boldsymbol{\varepsilon} + \int_{{}^{t}\boldsymbol{\varepsilon}+r\Delta\boldsymbol{\varepsilon}}^{{}^{t}\boldsymbol{\varepsilon}+\Delta\boldsymbol{\varepsilon}} ([D^{e}] - [D^{p}])\,\mathrm{d}\boldsymbol{\varepsilon} \\
&= [D^{e}]\Delta\boldsymbol{\varepsilon} - \int_{{}^{t}\boldsymbol{\varepsilon}+r\Delta\boldsymbol{\varepsilon}}^{{}^{t}\boldsymbol{\varepsilon}+\Delta\boldsymbol{\varepsilon}} [D^{p}]\,\mathrm{d}\boldsymbol{\varepsilon}
\end{aligned} \tag{2-53}$$

式中，$[D^{p}]$ 按状态 ${}^{t}\boldsymbol{\sigma} + r\Delta\boldsymbol{\sigma}^{e}$ 和 ${}^{t}\boldsymbol{\varepsilon}^{p}$ 计算。

实际计算时，由于要保证本构关系和屈服条件同时满足，一般要通过多次迭代才能实现。下面是由 $\Delta\boldsymbol{\varepsilon}$ 计算 $\Delta\boldsymbol{\sigma}$ 的流程：

（1）按弹性关系计算应力增量 $\Delta\boldsymbol{\sigma} = [D^{e}]\Delta\boldsymbol{\varepsilon}$；

（2）计算屈服函数值 $f({}^{t}\boldsymbol{\sigma} + \Delta\boldsymbol{\sigma}^{e}, {}^{t}\boldsymbol{\varepsilon}^{p})$；

（3）如果 $f \leqslant 0$，则为弹性加载或塑性卸载，令：

$$\Delta\sigma = \Delta\sigma^{e},\quad {}^{t+\Delta t}\boldsymbol{\sigma} = {}^{t}\boldsymbol{\sigma} + \Delta\boldsymbol{\sigma} \qquad \text{返回}$$

（4）如果 $f > 0$，则为塑性加载，由 $f({}^{t}\boldsymbol{\sigma} + r\Delta\boldsymbol{\sigma}^{e}, {}^{t}\boldsymbol{\varepsilon}^{p}) = 0$ 计算比例因子 r；

（5）令 $\Delta\boldsymbol{\sigma} = r\Delta\boldsymbol{\sigma}^{e}$，并由 $\Delta\boldsymbol{\sigma} = [D^{e}]\Delta\boldsymbol{\varepsilon}^{e}$ 确定 $\Delta\boldsymbol{\varepsilon}^{e}$，计算

$\Delta\boldsymbol{\varepsilon}^p = \Delta\boldsymbol{\varepsilon} - \Delta\boldsymbol{\varepsilon}^e$；

（6）按状态 ${}^t\boldsymbol{\sigma} + \Delta\boldsymbol{\sigma}$ 及 ${}^t\boldsymbol{\varepsilon}^p + \Delta\boldsymbol{\varepsilon}^p$ 计算 $[\boldsymbol{D}^p]$；

（7）由式（2-73）计算出 $\Delta\boldsymbol{\sigma}$；

（8）由 $f({}^t\boldsymbol{\sigma} + r\Delta\boldsymbol{\sigma}, {}^t\boldsymbol{\varepsilon}^p + \Delta\boldsymbol{\varepsilon}^p) = 0$ 计算比例因子 r；

（9）重复（5）~（8）的计算过程，直到满足精度的要求。

研究表明，上述应力的计算在整个弹塑性计算中占有相当大的工作量，而且对整个计算结果的精度有很大影响，应当给予足够的重视。

2.2.2 几何非线性有限元方程的建立

2.2.2.1 几何非线性问题的三种描述方法

几何非线性方程的建立，目前较普遍的做法是从虚功原理出发，直接使用应力与共轭应变得到。

假定对于时间 0、Δt、$2\Delta t$、…、t 时刻的解已得到，需求解 $t+\Delta t$ 时刻各未知量。

根据前小节所述的应力与应变共轭对的概念，在 $t+\Delta t$ 时刻的虚功可用 Cauchy 应力与 Almansi 应变表示：

$$\int_{t+\Delta t_V} \sigma_{ij}\delta^{t+\Delta t}e_{ij}\mathrm{d}v = \int_{t+\Delta t_V}^{t+\Delta t} F_k\delta u_k\mathrm{d}v + \int_{t+\Delta t_{S_T}}^{t+\Delta t} T_k\delta u_k\mathrm{d}s \quad (2\text{-}54)$$

式（2-54）是参照当前构形 $t+\Delta t$ 坐标建立的。

几何非线性情况下，变形体的描述由于选择的参考坐标不同，得到的应力张量、应变张量、本构关系、平衡方程、能量泛函都会有所差异，适合解决的问题也是不同的。根据变形体及其上的质点运动状态，选取不同的参考坐标，主要有以下三种描述方法：

（1）参照描述：独立变量为任意选择的参照构形中质点 P 的当前坐标与时间 t，其中参考构形的选择是任意的，而且不影响计算结果。当选择 $t=0$ 时作为参照构形，称为 Total-Lagrangian 法（以下简称 T. L 法）；

（2）相关描述：独立变量为以${}^{n}t$时刻构形为参照构形的当前质点坐标X_i以及时间${}^{n}t$，在相关描述中，参照构形与时间${}^{n}t$相关。当${}^{n}t$选为非线性增量求解时增量步的开始时刻，称为Updated-Lagrangian法（以下简称U. L法）；

（3）空间描述：独立变量是质点P当前位置${}^{n+1}X$与时间${}^{n+1}t$，着眼描述质点运动通过空间的点，这种描述通常称为Eulerian法。

2.2.2.2 Lagrangian法与Eulerian法的比较

Euler体系中，应力、应变是以现时构形为参照构形的应力与应变共轭对——Cauchy应力与Almans应变构成，Lagrangian体系中，应力、应变是以过去已知构形为参照构形的应力与应变共轭对——第二Piola应力和Green应变构成。同时二者在本构关系、平衡方程、虚功方程的形式上都存在较大的差异。在实际处理问题时，须慎重考虑：

（1）Euler描述中，有限元网格在空间中固定，材料流过这些网格，可以清晰地反映出同一瞬间不同质点的流动方向，特别适合分析流体力学问题。而在粉末成形分析中，更关心粉末压坯上具体点在空间运动的过程，这时Lagrange法更适合。

（2）Euler描述中，泛函积分域是当前构形，它应是求解的结果，在求解过程中事先是不知道的，因而必须迭代求解。在Lagrange描述中，由于过去构形已解，泛函积分式是在已知域中进行的，无需迭代求解，因此效率更高。

（3）Euler描述由于随不同时间坐标上的物质是不相同的，故在分析物体的本构关系与当时应变或变形历史有关以及有分布力作用于物体自由表面时，就特别不方便，而Lagrange描述由于坐标附着在物质点上，因而易引入本构关系和处理自由表面外载问题。

综上所述，不难发现对于粉末成形分析，Lagrange法比Euler法好。

2.2.2.3 U. L 法与 T. L 法的比较

由 T. L 法得到的有限元方程

$$({}_0[K]_o + {}_0[K]_\sigma + {}_0[K]_L)\{\Delta q\} = \{F\} \tag{2-55}$$

由 U. L 法得到的有限元方程

$$({}_t[K]_o + {}_t[K]_\sigma)\{\Delta q\} = \{F\} \tag{2-56}$$

式中，$[K]_o$ 为常规有限元法中的刚度矩阵，$[K]_\sigma$ 为初应力或称几何刚度阵，表示在大变形情况下初应力对结构刚度的影响，$[K]_L$ 为初位移或称大位移刚度阵，是由大位移引起的结构刚度变化：

（1）在 T. L 法中，刚度矩阵的积分是在初始构形（0 时刻）的体积 ${}^0V$ 内进行。在 U. L 法中，积分是在 t 时刻体积 ${}^tV$ 内进行，为此在程序中应保留每次变形后各节点坐标值，即 ${}^{t+\Delta t}x_i = {}^t x_i + \Delta^{t+\Delta t}x_i$。

（2）在 T. L 法中，保留了刚度矩阵中所有线性与非线性项，在 U. L 法中，忽略了高阶项，即忽略了 ${}_t[K]_L$。

（3）在 T. L 法中，Green 应变 ${}_0^{t+\Delta t}E$ 和第二 Piola 应力是以 0 时刻坐标为参照系。在求初应力矩阵 ${}_0[K]_\sigma$ 时用的是 t 时刻参照初始坐标的应力 ${}_0^tS$。在 U. L 法中，Green 应变与第二 Piola 应力是以 t 时刻的坐标为参照坐标，而求初应力矩阵 ${}_t[K]_\sigma$ 时用的是 t 时刻真实的 Cauchy 应力 ${}_t^t\sigma$。

（4）在 T. L 法中，当单元刚度矩阵向总体刚度阵组集时，用的是 0 时刻各单元坐标系与总体坐标系间的方向余弦，因此在整个求解过程中各个时刻，它是不变的。在 U. L 法中，单元刚度阵向总体刚度阵组集时，用的是 t 时刻单元坐标系与总体坐标系间的方向余弦，因此对每个载荷增量步它们是变化的。

从理论上讲，两种列式都可用于进行粉末成形的几何非线性分析，分析效率也很难下定论。U. L 法比 T. L 法更易引入非线性本构关系，同时由于在计算各载荷增量步时使用了真实的柯西应力，适合追踪变形过程的应力变化。相比而言，U. L 法会更方便些。

2.2.2.4 更改的拉格朗日法列式

将最后一个已知的平衡状态（t 时刻）为参考构形，即认为 t 时刻物体为未变形构体，去求 $t+\Delta t$ 时刻物体的各个未知变量。

$$\Delta_t E_{ij} = \frac{1}{2}\left(\frac{\partial \Delta u_i}{\partial^t x_j} + \frac{\partial \Delta u_j}{\partial^t x_i} + \frac{\partial \Delta u_k}{\partial^t x_i}\frac{\partial \Delta u_k}{\partial^t x_j}\right)$$

$$= \Delta_t^L E_{ij} + \Delta^{NL}{}_t E_{ij} \tag{2-57}$$

因为 t 时刻有了物体真实应力分布，故有：

$$^{t+\Delta t}_{\ t}S_{ij} = {}^t_t\sigma_{ij} + \Delta^{t+\Delta t}{}_t S_{ij} \tag{2-58}$$

虚功方程：

$$\int_{^t v} {}^{t+\Delta t}_{\ t}S_{ij}\delta^{t+\Delta t}{}_t E_{ij}\mathrm{d}v = \delta^{t+\Delta t}{}_t W \tag{2-59}$$

本构关系：

$$\Delta^{t+\Delta t}{}_t S_{ij} = {}^t_t D_{ijml}\Delta^{t+\Delta t}{}_t E_{ml} \tag{2-60}$$

对 t 时刻的虚功方程进行分步积分，可得如下方程：

$$\int_{^t v}\Delta_t^L E_{rst}{}^t D_{ijrs}\delta\Delta_t^L E_{ij}\mathrm{d}v + \int_{^t v}{}_t\sigma_{ij}\delta\Delta^{NL}{}_t E_{ij}\mathrm{d}v + \int_{^t v}(\Delta_t^L E_{rst}{}^t D_{ijrs}\delta\Delta^{NL}{}_t E_{ij} +$$

$$\Delta^{NL}{}_t E_{rst}{}^t D_{ijrs}\delta\Delta_t^L E_{ij} + \Delta^{NL}{}_t E_{rst}{}^t D_{rsij}\delta\Delta^{NL}{}_t E_{ij})\mathrm{d}v$$

$$= \delta^{t+\Delta t}W - \int_{^t v}{}_t\sigma_{ij}\delta\Delta_t^L E_{ij}\mathrm{d}v \tag{2-61}$$

引入位移形函数，同时可以证明式（2-61）中第二个积分的值要比第一和第三个积分小 1 ~ 2 个数量级，得到最终平衡方程：

$$({}_t[K]_\sigma + {}_t[K]_o)\{\Delta a\} = \{{}^{t+\Delta t}Q\} - \{{}^t_t F\} \tag{2-62}$$

其中：

$${}_t[K]_\sigma = \int_{^t v}\left[\frac{\partial N}{\partial x}\right]^T[\sigma]\left[\frac{\partial N}{\partial x}\right]\mathrm{d}v \tag{2-63}$$

$${}_t[K]_o = \int_{^t v}[{}^L_t B]^T[{}^t_t D][{}^L_t B]\mathrm{d}v \tag{2-64}$$

$$[{}_t^tF] = \int_{t_v} [{}_t^LB]^T \{\hat{\sigma}\} \mathrm{d}v \tag{2-65}$$

最后需指出的是，本构关系式（2-80）要经过适当变换才能使用。

$$\Delta S_{ij} = \frac{{}^0\rho}{{}^t\rho} \frac{\partial^0 x_i}{\partial^t x_l} \frac{\partial^0 x_j}{\partial^t x_m} \frac{\partial^0 x_r}{\partial^t x_n} \frac{\partial^0 x_s}{\partial^t x_k} \boldsymbol{D}_{lmnk} \Delta E_{rs} \tag{2-66}$$

式（2-66）中 $\boldsymbol{D}_{lmnk}$ 为真实应力应变本构矩阵。
式（2-66）可简写为：

$$\Delta S_{ij} = {}_tD_{ijkl} \Delta E_{kl} \tag{2-67}$$

在计算时，式（2-64）中的 $[{}_t^tD]$ 需用上式的 $[{}^tD]$ 代替。

2.3 误差评估与网格重新划分

2.3.1 自适应有限元网格重划分

粉末成形过程中，粉末会经常发生大的位移，所以在有限元求解过程中，有限元网格可能产生畸变。当网格变形过量时，计算的结果必然不可靠。因此需要划分新的网格，并将场变量（应力、应变、位移、密度等）传递到新网格系统中。

基于有效误差估计的自适应有限元，是由计算机根据得到的误差信息并决定解是否有足够的精度。若误差过大，就自动地进行满足精度要求的网格改进。

应用的自适应有限元包括以下几类：

（1）h-加密（h-enrichment）：此法是不改变插值函数的阶次，仅基于局部网格加密，提高求解的精度。概念简单，易于程序实现。

（2）p-改进（p-refinement）：不改变网格大小布局，仅增加局部插值函数的阶次。以降低求解误差。p-法虽不如 h-法直观，当其收敛性通常优于 h-法。

（3）移动结点法（r-法）：此法不改变单元的类型和数目，通过改变单元形状减小离散误差。

（4）组合法：如 *h-p* 法、*r-p* 法等。较常用的 *h-p* 法是同时进行网格加密和增加插值函数阶次，以提高求解的精度。*h-p* 法是最先进的自适应方法，然而也是最难实现的方法，有许多问题仍在研究中。

2.3.2 离散误差评估

有限元离散误差评估是评价分析精度的依据，也是进行自适应改进的基础。目前最常用的是应力平滑误差估计法。此法由 Zienkiewicz 和 Zhu 提出，也称 Z^2 法。

此法采用以应力形式表示的能量范数误差估计，并同应力平滑方法结合：

$$\|\sigma\| = \int_{\Omega}\sigma^{T}\sigma \mathrm{d}\Omega \tag{2-68}$$

估计误差定义为：

$$\eta = \frac{\|e\|}{\|\sigma\|} \times 100\% \tag{2-69}$$

其中：

$$\|e\| = \int_{\Omega}(\sigma - \sigma^{*})^{T}(\sigma - \sigma^{*})\mathrm{d}\Omega \tag{2-70}$$

式中　σ^{*}——整体平滑应力场，将其视为“精确”应力。

2.3.3 自适应网格改进方法

自适应分析是为了自动调整有限元离散化以减小求解误差，自适应网格改进基于严格的误差估计。其目的是实现最优网格布局：各单元的误差指标相等，且小于容许极限。

（1）自适应 p 改进：p 法不改变网格大小布局的基础上增加局部单元的节点数或插值函数的阶次。以提高求解的质量。增设高阶自由度的区域由误差估计确定。

（2）自适应网格加密：为实现所需网格大小分布，原则上有两个途径：其一：在保留原网格的基础上加密网格；其二，网格重新生成（总体或局部）。通常，网格重新生成更可取，因为它可能经一次操作实现期望的单元大小分布。

(3) 网格参数的最优布局基本思想是在满足自由度总数为常数的约束条件下，极小化估计误差。在实际应用中，要求新自由度引起的误差的减小量尽可能大，以实现网格的高效改进。

(4) 自适应网格的自动生成，尤其是改进后新网格的自动生成，是自适应过程的重要一环。

2.4 接触与摩擦处理

粉末成形分析也需要考虑接触问题，特别是对复杂形状压坯的压制或脱模过程进行分析时。边界条件不是在计算开始前就可给出的，它们是计算的结果，两接触体间接触面的面积与压力分布随外载的变化而变化。从力学角度看，粉末成形过程中的接触是边界条件高度非线性的问题，需要准确定义模具的几何形状、追踪接触前模具和粉末压坯的运动以及接触发生后这些物体之间的相互作用、同时包括正确模拟接触面之间的摩擦行为。

2.4.1 模具系统表面的描述几何与接触搜索

2.4.1.1 模具系统表面的几何描述

粉末成形有限元模型的建立可以分成两大部分：粉末材料的描述和模具即阴模、冲头、芯棒等的描述。粉末压坯的描述侧重于其物理特性的定义，如材料模型、变形模式等。由于通常情况下，模具刚度远远大于粉末材料的刚度，可以将模具作为刚体处理，而不考虑其变形，这样对模具的定义可以由其表面来代替。对模具的描述主要就是针对其表面的几何信息，它直接影响到有限元数值模拟的精度和效率，因而在粉末成形数值模拟技术中占着重要地位。目前常用的主要有4类描述方法：

(1) 解析格式。模具表面由平面、球面、柱面等解析曲面组成，模具表面描述精确，粉末材料与模具的接触判定也很简单。但是采用这种格式描述曲面存在很大的局限性，许多曲面无法表示，在实际使用中很难推广。

（2）点云格式。模具表面由一系列空间点描述。为提高接触搜索的效率，空间点在 XY 面上的投影按规则排列。这种描述方法的主要好处是很容易得到复杂曲面的点云（如直接通过三坐标测量仪产生离散的数据点），但另一方面大量的数据点需要大量的存储空间，也降低了计算效率，而且由于接触搜索需要在 XY 面上的投影点，这样对垂直表面或近似的垂直表面的接触搜索就带来极大的不便。

（3）网格格式。与有限元网格类似，模具表面通过三角形或四边形网格来近似地逼近。这种方法可以毫无限制地描述任意复杂的曲面，包括垂直曲面和高曲率曲面。接触搜索以模具的网格为单位融入到有限元的计算中，实现较简单有效。这种方法目前应用最广泛，但是采用三角形或四边形网格来描述光滑的模具表面是很困难的，对于复杂曲面生成足够精确的网格也是一件不容易的事。

（4）参数曲面格式。模具表面划分成一系列参数曲面，如 Bezier 曲面、Coons 曲面、B-Spline 曲面和 NURBS 曲面等。这种方法可以精确地描述模具的光滑曲面，实现与 CAD 设计的完全统一。接触搜索也更准确可靠，计算效率高。是表面几何描述的理想方法。但是由于参数曲面至今还缺少统一的数据标准，影响到接触求交算法的兼容性，目前这种方法尚在研究之中。

2.4.1.2 接触搜索

在压制终了压坯进行脱模的阶段，接触点的搜索对粉末成形分析这类动态接触问题十分重要。在接触搜索时，无需考虑模具与模具的接触，只需考虑模具与工件间的接触以及工件不同边界部位的接触。钟志华对二维和三维成形问题的接触搜索提出了区域层次算法（Hierarchy territory algorithm，简称 HITA）。在该算法中，一个接触系统被分解为若干个接触表面，接触表面分解为接触段，接触段分解为接触边，接触边又分解为接触结点。区域即为接触表面、接触段、接触边、接触结点。接触搜索时，首先从最高层区域开始，然后逐渐向低级区域进行，这样如果高层次的接触没有产生，就无需再向低层次作接触搜索，提高了计算效率。

Belytschko 等人改进他们早先提出的弹球算法，推出了裂变弹球方法。在该算法中，弹球和单元密切相关。接触搜索时，总是选取半径足够大的母弹球，以能完全包围单元，当母弹球相互重叠时，表明接触可能产生穿透，此时就会有一系列新的小弹球生成，这个过程可不断重复至最后一个弹球直径同壳厚有相同的数量级。如果此时小弹球仍重叠，说明穿透，此时应考虑相应的处理方法，如将罚力施加到弹球上，随后这些弹球力被转移至相关单元的结点上。

主仆算法是较早提出的一种接触搜索算法，它具有简单实用可靠的特点，是目前使用最广的接触搜索算法之一。在主仆算法中，需要定义一对接触的边界，其一被称为主表面；另一被称为从表面（一般为变形体）。在接触搜索过程中，在从表面上的从结点不允许穿透主表面，而主表面上的主结点可以允许穿透从表面，这样接触搜索仅需要在从结点与主表面段之间进行，目的是在主表面上寻找离从结点最近的点。如图 2-2 所示，考虑一从结

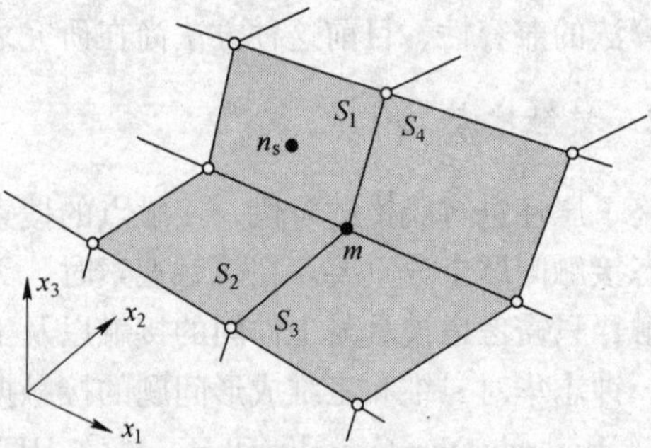

图 2-2　从结点 n_s 、主结点 m_s 和主表面段 S_i

点 n_s 以及一离散的主表面。假定已经计算出此时离从结点 n_s 最近的主结点 m_s，接着可以按式（2-71）确定离 n_s 最近的点所在的主表面段 S_i 。

$$\left.\begin{aligned}(\boldsymbol{C}_i \times \boldsymbol{S}) \cdot (\boldsymbol{C}_i \times \boldsymbol{C}_{i+1}) > 0 \\ (\boldsymbol{C}_i \times \boldsymbol{S}) \cdot (\boldsymbol{S} \times \boldsymbol{C}_{i+1}) > 0\end{aligned}\right\} \tag{2-71}$$

式（2-71）中符号如图 2-3 所示。$\boldsymbol{C}_i$ 和 $\boldsymbol{C}_{i+1}$ 表示主表面段 S_i 两条过点 m_s 的矢量，方向背离 m_s；矢量 $\boldsymbol{S}$ 是 $m_s n_s$（图中矢量 $\boldsymbol{g}$ ）在 $\boldsymbol{S}_i$ 面段内的投影。

$$\boldsymbol{S} = \boldsymbol{g} - (\boldsymbol{g}\,\boldsymbol{m}) \cdot \boldsymbol{m} \tag{2-72}$$

其中
$$\boldsymbol{m} = \frac{\boldsymbol{C}_i \times \boldsymbol{C}_{i+1}}{|\boldsymbol{C}_i \times \boldsymbol{C}_{i+1}|}$$

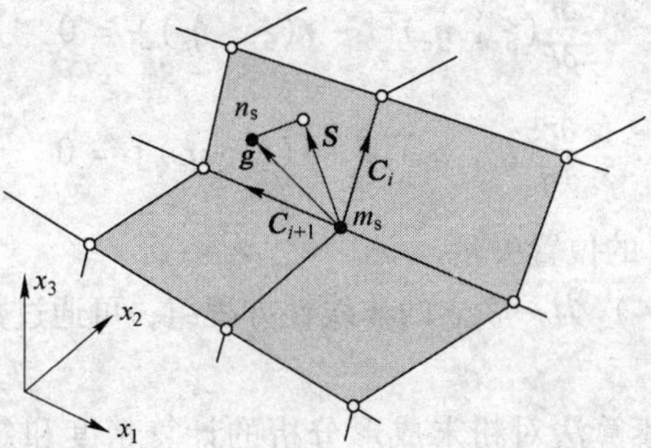

图 2-3　矢量 $\boldsymbol{g}$ 在主表面段 S_i 上的投影

主表面段 S_i 上任意一点的位置矢量如图 2-4 所示，可以确定为：

$$\boldsymbol{r} = f_1(\xi, \eta)\boldsymbol{i} + f_2(\xi, \eta)\boldsymbol{j} + f_3(\xi, \eta)\boldsymbol{k} \tag{2-73}$$

其中
$$f_i(\xi, \eta) = \sum_{j=1}^{4} \phi_j x_i^j$$

此时与 n_s 接触的主表面段 S_i 已经确定，则在 S_i 上的接触点坐标 (ξ_c, η_c) 应满足：

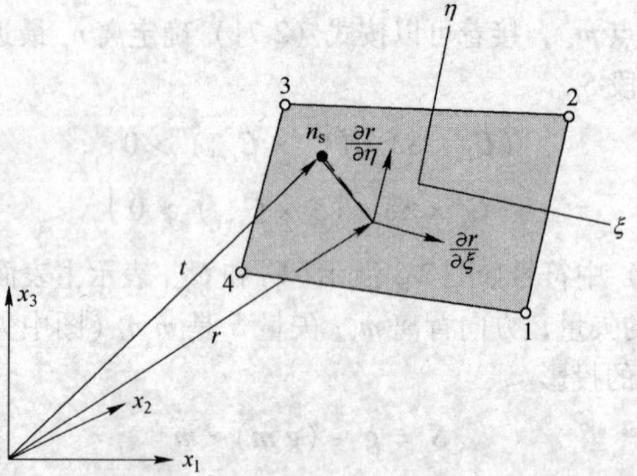

图 2-4 位于主表面段 S_i 上的接触点位置

$$\frac{\partial \boldsymbol{r}}{\partial \xi}(\xi_c, \eta_c)[\boldsymbol{t} - \boldsymbol{r}(\xi_c, \eta_c)] = 0 \tag{2-74a}$$

$$\frac{\partial \boldsymbol{r}}{\partial \eta}(\xi_c, \eta_c)[\boldsymbol{t} - \boldsymbol{r}(\xi_c, \eta_c)] = 0 \tag{2-74b}$$

式中，$\boldsymbol{t}$ 是 n_s 的位置矢量。

式（2-74）为一联立的非线性方程组，可通过数值方法求出 (ξ_c, η_c)。

接触搜索算法对粉末成形分析的计算精度和效率有很大影响，开发高效可靠的接触算法仍是三维复杂形状粉末压坯成形分析的研究重点之一。

2.4.2 接触力计算

产生接触的模具和粉末压坯必须满足无穿约束条件：

$$(\boldsymbol{u}_1 - \boldsymbol{u}_2)\boldsymbol{n} + l_0 \geq 0 \tag{2-75}$$

式中 $\boldsymbol{u}_1$ ——粉末的位移矢量；

$\boldsymbol{u}_2$ ——模具表面的位移向量；

$\boldsymbol{n}$ ——模具的单位外法线向量；

l_0——模具与粉末压坯的初始间距。

数学上接触力计算的基本算法有罚函数法、拉格朗日乘子法以及基于迭代求解的直接约束法。

在罚函数法中位于一个接触面上的接触点允许穿透与之相接触的另一个接触面，接触力的大小与穿透量成正比，即：

$$f_n = -\alpha S \tag{2-76}$$

式中 α——罚因子；

S——接触点的法向穿透量；

负号(-)——表示接触力与穿透方向相反。

罚因子的取值过小会影响精度，过大会降低计算的稳定性，在实际计算时要认真选取。

在拉格朗日乘子法中，接触力是作为附加自由度来考虑的，其泛函形式除了包含有通常的能量部分外还附加了拉格朗日乘子项：

$$\Pi(\boldsymbol{u}, \lambda) = \frac{1}{2}\boldsymbol{u}^T\boldsymbol{K}\boldsymbol{u} - \boldsymbol{u}^T\boldsymbol{F} + \lambda^T(\boldsymbol{Q}\boldsymbol{u} + {}^0\boldsymbol{D}) \tag{2-77}$$

式中 $\boldsymbol{u}$——结点位移向量；

$\boldsymbol{K}$——刚度矩阵；

$\boldsymbol{F}$——结点力向量；

λ——拉格朗日乘子向量，$\boldsymbol{D} = (\boldsymbol{Q}\boldsymbol{u} + {}^0\boldsymbol{D})$ 为接触点的穿透量向量。

对能量泛函式（2-77）变分，建立有限元方程：

$$\begin{bmatrix} \boldsymbol{K} & \boldsymbol{Q}^T \\ \boldsymbol{Q} & 0 \end{bmatrix}\begin{bmatrix} \boldsymbol{u} \\ \lambda \end{bmatrix} = \begin{bmatrix} \boldsymbol{F} \\ -{}^0\boldsymbol{D} \end{bmatrix} \tag{2-78}$$

求解方程即可得到结点位移和拉格朗日乘子，拉格朗日乘子的分量即为接触点处的法向接触力。

拉格朗日乘子法是在能量泛函极小的意义上满足接触点互不穿透的边界条件，它增加了系统的自由度，需要采用迭代算法来求解方程，一般适用于静态隐式算法。

用直接约束法处理接触问题是追踪物体的运动轨迹，一旦发生接触便将接触所需的运动约束（即法向无相对运动和切向可滑动）和节点力（法向压力和切向摩擦力）作为边界条件直接施加在产生接触的节点上。这种方法对接触搜索的描述精度高，具有普遍适应性，不需要增加特殊的界面单元。但求解接触需要若干次迭代，计算效率较低。

2.4.3 摩擦与摩擦单元处理

摩擦是一种复杂的物理现象，与接触表面的硬度、湿度、法向应力、相对滑动速度、粗糙度、润滑状态及材料种类等特性有关。其机理仍在研究之中。目前数值模拟均采用简化的摩擦力数学模型。

2.4.3.1 库仑摩擦模型

Coulomb 摩擦模型是目前工程中使用最广泛的摩擦模型：

$$\sigma_{fr} \leqslant -\mu\sigma_n \boldsymbol{t} \tag{2-79}$$

式中 σ_{fr} ——切向（摩擦）应力；

σ_n ——接触节点法向应力；

μ ——摩擦系数；

$\boldsymbol{t}$ ——相对滑动速度方向上的切向单位向量。

$$\boldsymbol{t} = \frac{\boldsymbol{v}_r}{|\boldsymbol{v}_r|}$$

式中 $\boldsymbol{v}_r$ ——相对滑动速度向量。

式（2-99）又可写成节点合力的形式：

$$f_t \leqslant -\mu f_n \boldsymbol{t} \tag{2-80}$$

式中 f_t ——剪切力；

f_n ——法向反作用力。

由于在粉末成形分析中，会发生相对速度很小或相对速度方向发生变化、接触状态由黏着到滑动相互转化等情况，造成计算出的摩擦力大小和方向突变，而引起计算不稳定性。Kobayashi提出了一个修正的库仑摩擦模型：

$$\sigma_{fr} \leqslant -\mu\sigma_n \frac{2}{\pi}\arctan\left(\frac{|v_r|}{v_c}\right)t \tag{2-81}$$

经过平滑处理后，摩擦力的作用就等效于节点接触面法向上作用了一个刚度连续的非线性弹簧，处于接触的节点总是存在某种程度的滑动。

v_c 的物理意义是发生滑动时接触体之间的临界相对速度。它的大小决定了这个数学模型与实际呈阶梯状变化的摩擦力的接近程度。太大的 v_c 导致有效摩擦力数值的降低，但使迭代相对容易收敛，而太小的 v_c 虽然能够较好模拟静摩擦与滑动摩擦之间的突变，但使求解的收敛性很差。

2.4.3.2 剪切摩擦

实验表明，当法向力或法向应力太大时，库仑摩擦模型常常与实验观察结果不符。由库仑定律预测的摩擦应力会超过材料的流动应力或失效应力，此时，需采用基于剪应力的摩擦模型。剪应力的摩擦模型认为摩擦应力是材料等效剪应力的一部分：

$$\sigma_{fr} \leqslant -m\frac{\bar{\sigma}}{\sqrt{3}}t \tag{2-82}$$

式中 m——剪应力摩擦模型的摩擦系数；

$\bar{\sigma}$——等效应力。

仿照修正的库仑定律式（2-81）用反正切函数平滑静-动摩擦之间的突变：

$$\sigma_{fr} \leqslant -m\frac{\bar{\sigma}}{\sqrt{3}} \times \frac{2}{\pi}\arctan\left(\frac{|v_r|}{v_c}\right)t \tag{2-83}$$

库仑摩擦和剪切摩擦都属于经典的摩擦定律。经典摩擦定律从最初适用的刚体一般化到变形体，是在遵循“只有当切向应力到达某一临界值时，接触表面才会在局部产生位移”这一假设的前提下应用的。尽管这一假设在一定的范围内有效，但严格地说它是不成立的。实验发现，只要有切向力存在，两接触表面间就会产生相对滑移，据此，研究人员提出了不少非线性的摩擦定律。但是这类摩擦模型有的数学推导过于复杂，有的是一些系数很难通过实验得到，在工程上没有进一步推广和应用。

2.4.3.3　数值仿真时摩擦单元的处理

在数值仿真中为了实现摩擦现象的描述，采用间隙或摩擦单元技术。摩擦单元是在工具与变形体之间插入很薄的一层单元，一般为四节点等参数单元。如图 2-5 所示。

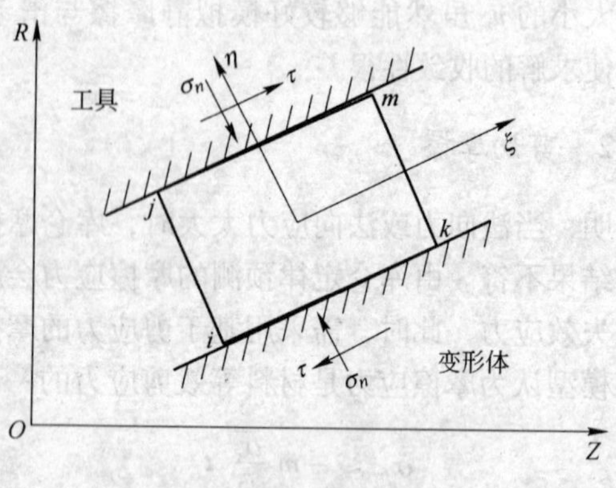

图 2-5　间隙和摩擦单元

间隙和摩擦单元的应力矢量由两部分组成：σ_n 是接触节点法向应力；τ 是切向（摩擦）应力。增量形式下，这两个应力分量与应变的关系为：

$$\Delta\sigma = \boldsymbol{D}_{\mathrm{f}}\Delta\varepsilon \quad 或 \quad \begin{Bmatrix} \Delta\tau \\ \Delta\sigma_n \end{Bmatrix} = \begin{bmatrix} G_{\mathrm{f}} & 0 \\ 0 & E_{\mathrm{f}} \end{bmatrix} \begin{Bmatrix} \Delta\gamma \\ \Delta\varepsilon_n \end{Bmatrix} \tag{2-84}$$

式中，D_{f} 为材料性能矩阵，需要考虑不平滑的接触、黏着以及“黏一滑”等物理现象。为了计算能够收敛，E_{f} 取任意的大数。

G_f 的合适选择反映摩擦的非线性，它可以从黏—滑区间的应力应变关系中获得。

摩擦准则必须正确地判断接触点切线方向的黏着或滑动。基于 Coulomb 定律的滑动摩擦准则为：

$$
\begin{aligned}
F_{1f} &= \sigma_n = 0 & \text{当} \quad \sigma_n > 0 \\
F_{2f} &= |\tau| + \sigma_n \tan\phi - c_f = 0 & \text{当} \quad \sigma_n \leqslant 0
\end{aligned}
\tag{2-85}
$$

式中 c_f——粉末与工具的黏度；

ϕ——工具的摩擦角；

$\mu = \tan\phi$——Coulomb 摩擦系数。

滑动方向由势函数 Z 的梯度求出：

$$\dot{\gamma} = \dot{\lambda} \times \frac{\partial Z}{\partial \tau}, \quad \dot{\varepsilon}_n = \dot{\lambda} \times \frac{\partial Z}{\partial \sigma_n} \tag{2-86}$$

如果势函数 Z 由滑动准则 F_f 代替，滑动定律就是关联的（Associated）。事实上，在应用中并不采用这种准则的摩擦定律。因为用它分析界面的相对运动时，随着压制的进行会产生不合理的间隙（变形体脱离模具表面）。所以只能采用非关联的摩擦定律描述粉末压制过程的摩擦现象。

间隙和摩擦单元的刚度矩阵按标准有限元方式定义为：

$$\boldsymbol{K}_f = \int_{\Omega} \boldsymbol{B}_f^{\mathrm{T}} \boldsymbol{D}_f \boldsymbol{B}_f \mathrm{d}\Omega \tag{2-87}$$

其中，$\boldsymbol{B}_f = (1/w)\boldsymbol{N}$，$w$ 和 $\boldsymbol{N}$ 分别为摩擦单元的宽度和形函数。该刚度矩阵可通过线形积分求解：

$$\boldsymbol{K}_f = \int_{-1}^{+1} \boldsymbol{B}_f^{\mathrm{T}} \boldsymbol{D}_f \boldsymbol{B}_f \left[\left(\frac{\partial x}{\partial \xi} \right)^2 + \left(\frac{\partial y}{\partial \xi} \right)^2 \right]^{1/2} \mathrm{d}\xi \tag{2-88}$$

在求解过程中，如果 σ_n 为正值时，设定 σ_n 为零，结果 $\tau = 0$。

3 粉末金属成形过程中缺陷预测模型建模途径

3.1 粉末金属体变形特征与粉末金属成形过程中形成缺陷的分类

3.1.1 粉末金属体变形特征

3.1.1.1 粉末金属成形特征

在粉末金属成形过程中，粉末受到压力的作用，颗粒发生变形、颗粒间发生相对移动，粉末体的密度逐渐增大，体积逐渐减小，最终形成具有一定尺寸、形状和强度的压坯。

从细观角度看，压制过程的屈服可分为两个阶段：

（1）粉末颗粒发生位移和弹性变形。粉末在松装堆积时，由于边面不规则，彼此之间有摩擦，颗粒相互搭桥而形成拱桥孔洞的现象，称为搭桥。粉末体有很高的孔隙度，如还原铁粉的松装密度一般为 $2 \sim 3g/cm^3$，而致密铁的密度为 $7.8g/cm^3$；工业用颗粒钨粉的松装密度为 $3 \sim 4g/cm^3$，而致密钨的密度为 $19.3g/cm^3$。当施加压力时，粉末体内的拱桥效应遭到破坏，粉末颗粒使彼此填充孔隙，重新排列位置，增加接触。在粉末颗粒位移的同时不可避免地伴随着弹性变形，这种变形在外力解除后，颗粒会恢复原状。研究表明，对于铁粉和铜粉，粉末颗粒位移阶段大约占压制行程的30%；而石墨粉则为压制行程的45%。

（2）粉末颗粒塑性变形及粉碎性破坏。随着压力增大，颗粒之间由最初的点接触逐渐变成面接触，当压力超过粉末的弹性极限时，发生塑性变形，外力解除后，颗粒不能恢复原形。压缩铜粉的实验指出，发生塑性变形所需的压力大约是该材质弹性极限的2.8~3倍。压力继续加大，当单位压制压力超过极限强度后，粉末颗粒就发生粉碎性破坏即脆性断裂。金属的塑性越大，塑性变形也就越大。对于难熔金属粉末成形，如W、Mo或化合物如WC、Mo_2C等，除有少量塑性变形外，主要是脆性断裂。

上述两个阶段是为了讨论而假设的理想状态。在实际成形时，第一阶段粉末体致密化，虽然以粉末体的位移和弹性变形为主，但同时也发生少量的塑性变形；在第二阶段粉末体致密化是以粉末颗粒的塑性变形和颗粒破碎为主，同时也伴随着少量的位移和弹性变形。

粉末体的变形不仅依靠颗粒本身形状的变化，而且主要依赖于粉末颗粒的位移和孔隙体积的变化，因而粉末成形中的屈服是一种涵义扩大了的屈服概念。粉末成形中硬化的概念也是一种涵义扩大了概念，这种硬化包含了几何硬化和应变硬化两种方式，所谓几何硬化是由于介质密度变化所引起的材料硬化，应变硬化则是由材料本身特性所决定材料硬化。而粉末金属成形过程中所讲的几何硬化不仅仅决定于成形过程中压坯密度的变化，还取决于粉末颗粒大小和形状。实际上，与致密金属的屈服强度相比，粉末压坯的屈服强度小得多。因此粉末压坯还具有低屈服强度和低拉伸特性。

3.1.1.2 摩擦影响

施加于粉末体上的力主要为消耗于使粉末体变形的净压力及用于克服粉末与模壁之间摩擦的外摩擦力。粉末颗粒与阴模壁之间存在的外摩擦力是引起压坯密度沿高度分布不均匀的根本原因，粉末颗粒与冲头端面之间存在的外摩擦力是引起压坯密度沿端部横向分布不均匀的根本原因，而粉末颗粒之间存在的摩擦力则是造成粉末材料在压制过程中横向流动较小的主要原因。

在一般情况下，外摩擦力造成的压力损失取决于压坯、原料与压模材料之间的摩擦系数，实验表明，采用模壁光洁度很高的压模并在模壁上涂润滑油，能够减小外摩擦系数，改善压坯的密度分布；坯体外形尺寸改变会加重或减小摩擦的影响程度，实验证明，高径比越大，坯体密度差就越大。

内摩擦力主要决定于基体材料的机械特性、制粉方式、粉末颗粒形状和大小。

目前，大多粉末金属成形数值模拟均采用 Coulomb 摩擦定律，即：

$$\tau_c = C_w + \sigma_n \tan\phi_w \tag{3-1}$$

式中 τ_c ——剪切摩擦力；

C_w ——粉末体与模壁黏性力；

ϕ_w ——摩擦角；

$\mu = \tan\phi_w$ ——Coulomb 摩擦系数。

有些学者采用 Tresca（剪切）摩擦定律：

$$f_F = -m\tau\frac{v_s}{\|v_s\|} \tag{3-2}$$

式中 f_F ——单元附加摩擦力；

m——摩擦因子；

τ ——剪应力；

v_s ——压坯与模具相对运动速度。

对于黏性材料的摩擦，采用 Stick-Slip 摩擦定律。在局部自由坐标系（*n*-*s* 坐标系）中考察节点力，*n* 指法向，*s* 指切向。节点力分解为 F_n 和 F_s，摩擦系数为 μ，显然：

$F_n > 0$：

$\mu F_n \geqslant F_s$ 黏着

$\mu F_n < F_s$ 滑动，且 $F_s = \mu F_n$

$F_n < 0$： 脱离

摩擦系数由被压制的粉末类型决定。一般混合硬脂酸锌润滑剂的铁粉、铜粉的摩擦系数为 0.1 左右。摩擦状况、摩擦系数在粉末压制过程中由于受许多因素影响，是变动的，但采用变动摩擦系数与固定的摩擦系数的模拟与实验结果的对比研究指出：在简单形状制件压制时，固定的摩擦模型与实验结果相符较好。

3.1.2 压坯密度分布不均匀及影响因素

粉末金属成形时，介质力图向各个方向流动，从而产生垂直于压模壁的压力——侧压力。但是，由于粉末颗粒之间彼此摩擦、相互锲住，使得压力沿横向（垂直于压模壁）的传递比沿压制方向要小得多。同时，由于粉末与模壁在压制过程中产生的摩擦力（此力随压制压力而增减），造成压坯沿压制方向上出现显著的压力降，接近上模冲端面的压力比远离它的部分要大得多，而且，中心部位与边缘部位也存在着压力差。

粉末在压模内所受压力的分布的不均匀造成压坯各部分的致密化程度有所不同。实际上，密度分布不均匀原因主要来自两方面：一是工模具表面的摩擦，二是粉末的屈服。

粉末颗粒与阴模壁之间存在的外摩擦力是引起压坯密度沿高度分布不均匀的根本原因，粉末颗粒与冲头端面之间存在的外摩擦力是引起压坯密度沿端部横向分布不均匀的根本原因。实验证明：压坯沿压制方向，从上而下密度降低。在与模冲相接触的压坯上端部，密度从中心向边缘逐步增大，上端部的边缘密度最大。在靠近模壁的层中，由于外摩擦的作用，轴向压力的降低比压坯中心大得多，以致在压坯底部的边缘密度比中心的低。因此，压坯底部密度分布状和上端部相反。

粉末颗粒基体材料的机械特性和粉末颗粒之间存在的摩擦力决定了粉末体的屈服特性，它是造成粉末材料在压制过程中横向流动小的主要原因。我们知道，致密金属在塑性变形中，遵循体积不变条件，其高度的减小等于宽度的增加，因此泊松比恒等于0.5。在粉末金属成形过程中，部分能量消耗于粉末孔隙的减小，所以它具有小的横向流动，其泊松比小于0.5，并在整个变形和致密化过程中，泊松比值是变化的。

影响压坯密度分布不均匀的根本因素是工模具表面摩擦和粉

末屈服。具体来讲，影响因素有金属粉末基体材料的机械特性、制粉方式、颗粒大小、坯体形状、模具结构与加工质量、压坯与模具之间的摩擦系数、成形工艺和润滑条件等。它们对压坯密度分布影响的详细分析见第6章。

3.1.3 压坯强度与损伤现象

压坯强度是指压坯反抗外力作用保持其几何形状和尺寸不变的能力，它不仅是衡量粉末成型制品质量的一个重要指标，而且是决定粉末成形过程中损伤状态和裂纹产生和发展的一个重要因素。

压坯强度决定于粉末颗粒之间的连接力。而实验证明：粉末颗粒之间连接力大致分为两种：

（1）粉末颗粒之间的机械啮合力。粉末的外表面呈不规则的凹凸不平的形状，通过压制，粉末颗粒之间由于位移和变形可以相互锲住和勾连，从而形成粉末颗粒之间的机械啮合。粉末颗粒越复杂，表面越粗糙，则粉末颗粒之间彼此啮合得越紧密，压坯强度越高。

（2）粉末颗粒表面上原子间的引力。在金属晶格结构中，金属原子之间引力和斥力相等而处于平衡状态，当原子间距小于平衡时的常数值时，原子之间产生斥力；反之，便产生引力。能够产生这种引力的区间称为引力范围。在金属粉末处于压制后期时，粉末颗粒受强大外力作用使颗粒表面上的原子彼此接近，当进入引力范围之内时，粉末颗粒因原子引力作用而发生连接。于是压坯便具有一定的强度，粉末的接近区域越大其压坯强度就越高。

对于任何金属粉末来说，压制时粉末颗粒之间的机械啮合力是使压坯具有强度的主要连接力。同时，上述的两种力在压坯中所起的作用还与粉末压制过程有关。一般来讲，金属粉末成形之时必须加成形剂，才能使压坯具有足够的强度。

粉末金属成形时，由于金属粉末颗粒不可避免含有杂质、颗粒可能发生的化学变化（如颗粒表面氧化）、润滑剂、成形剂及颗粒之间空气的存在，使坯体内部颗粒之间连接存在很大的差异，有些部位形成较小的连接力甚至颗粒之间不黏合，不黏合处就形成了初始空穴，即使颗粒之间黏合在一起，随着载荷加大，在较大有效塑性应变和较高应力三轴度的区域，很容易在坯体上这些颗粒之间连接力较小部位形成初始空穴。随着载荷和变形程度的增加，新的空穴分阶段依次在粉末体强度较弱处形核，空穴处不仅使局部承载面积减少，而且造成了强烈的非均匀应力场，使得该区域内颗粒之间的结合更易遭到破坏，甚至引起颗粒晶体中位错运动、增殖，从而引发更多空穴形核，空穴一旦形核，即在增加的有效塑性应变和三轴应力场作用下不断扩张，直至聚合成宏观裂纹。

3.1.4 粉末金属成形过程中形成缺陷的分类

从缺陷本身特征和形成特点看，缺陷可分为两大类，即：由密度不均匀造成的缺陷和裂纹。而裂纹从成形过程又可分为：压制过程中产生的裂纹和脱模过程中产生的裂纹。分析裂纹形成可进行如图 3-1 所示的分类。

密度不均匀所造成缺陷可由粉末金属压制模型进行分析，即可将粉末金属压制模型和其对应的流动本构关系作为密度不均匀所造成缺陷预测模型。而粉末金属成形过程中产生的裂纹则必须采用损伤力学方法进行预测。

3.2 密度不均匀所造成缺陷预测模型及建模途径

目前，粉末金属成形建模基本上沿两个途径进行，即：基于连续介质力学途径和非连续介质途径进行建模。从各模型所基于的理论基础上看，可划分为几类：（1）基于粉末烧结体塑性力学方法。（2）基于广义塑性力学（土塑性力学）方法。（3）基于密集堆积球形颗粒的微观力学方法。下面对它们分别进行叙述。

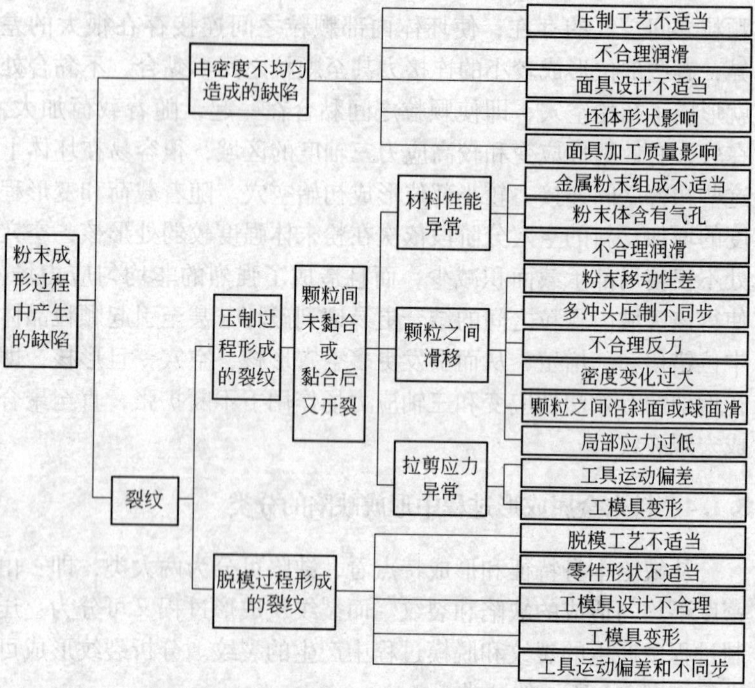

图 3-1 粉末金属成形过程中形成缺陷的分类

3.2.1 基于连续介质力学途径

基于连续介质力学对粉末成形研究是将粉末体作为连续体，即将粉末体视为“可压缩的连续体”。这样可以应用连续体塑性力学的知识来处理粉末体的变形行为。

3.2.1.1 基于粉末金属烧结多孔材料塑性力学的粉末金属成形数学模型

A 基本假设

在粉末金属成形过程中，虽然坯体的密度、体积可变，但其整体变形符合质量不变定律，颗粒变形遵循体积不变原则。质量不变定律不仅适合于连续体的变形，也适合于非连续体的变形。因此是粉末体变形的基本方程之一。

连续性假设，基于粉末金属烧结多孔材料塑性力学是将粉末体作为连续体假设的基础上对其变形行为进行研究，即将粉末体视为“可压缩的连续体”。

应力的补充定义，由于在粉末体内部存在有空隙，外力的传递是通过颗粒和颗粒接触点进行的。在计算其内部的应力时，既不知颗粒和空隙的精确分布，也不知应力的作用方向，只能利用粉末体中的微小面积 ΔA 上的力来表示，即 $\Delta P/\Delta A=\sigma$。并且确切地讲在粉末体中已不能使用“某点的应力”的术语。因为当 $\Delta A\to 0$ 时，可能会趋于某一孔隙中而使 $\sigma\to\infty$，使应力发生间断。为此必须对间断处的应力给出补充定义，使应力在变形体内各点是连续变化的。这里按数学方法，对变形体内的应力进行如下定义：

$$\sigma=\begin{cases}\lim\limits_{\Delta A\to 0}\dfrac{\Delta P}{\Delta A} & \text{当 } A\neq 0\\ q & \text{当 } A=0\end{cases}\tag{3-3}$$

式中　q——孔隙处的应力。

这样，在研究粉末体的变形时，就可以引入弹塑性力学中的应力、应变等概念。

B　运用于粉末金属成形过程的烧结多孔材料屈服准则

研究粉末体变形行为的中心内容之一是建立粉末体的屈服准则。粉末体的屈服准则是在一定的应力状态下，材料由弹性状态进入塑性状态的力学条件。屈服准则的几何意义见图 3-2。

完全致密体的塑性变形不涉及材料体积变化，此时塑性变形的泊松比是 0.5，静水应力不影响致密体的屈服。完全致密体的屈服可以用 Von Mises 屈服准则来描述：

$$f=3J_2'-\sigma_0^2=0\tag{3-4}$$

式中 f——屈服表面函数；

J'_2——应力偏张量第二不变量；

σ_0——完全致密体的流动应力。

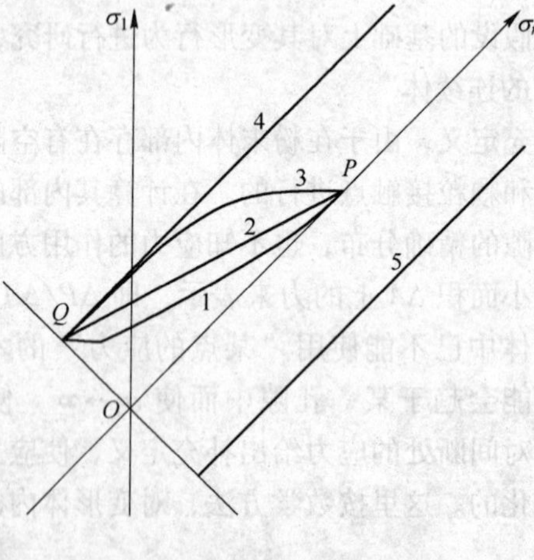

图 3-2 屈服准则的几何意义

粉末体的塑性变形与传统的完全致密体的塑性变形相似。但是，由于粉末体中有一定的孔隙，是可压缩材料。因此，在粉末体的屈服准则中，必须考虑到体积变化的影响，必须考虑静水应力的影响。对于完全致密材料，屈服表面的几何图形在主应力空间的σ_1、σ_m（与σ_1、σ_2、σ_3轴等斜面法线方向）平面内，为两条直线（见图 3-2）。

由于静水应力影响粉末体的屈服，假定P点应力σ_{mp}符合粉末体的屈服准则，那么P点就应是屈服表面上的点。Q点（$\sigma_m=0$）为纯剪状态，也是屈服表面上的点。由于假定了粉末是可压缩的连续体，那么其应力变化也是连续的。因此，连接Q与P的曲线只能有三种形式（图 3-2 中的 1、2、3 曲线）。曲线 1 是内凹的，在塑性力学中已经证明了屈服表面处处外凸，因此，曲线 1 是不可能的。曲线 2、3 符合外凸的条件。土塑性力学和岩石力学中所涉及的屈服表面是曲线 2。由于土塑性力学和岩石力学不涉及基体材料的变形，而粉末体的变形须涉及到基体材料的变形，所需的剪切应力远大于由于颗粒之间的黏结所形成的力，因此曲线 3 更适合于粉末体的变形问题。由于对称的原因，曲线 3 所形成的屈服表面，在主应力空间是与 3 个坐标轴等倾斜的回转椭球体（或类回转椭球体）。其回转轴线为 σ_m 方向。曲线 3 型的屈服准则提出得较多，这也涉及到 P 点应力的选择。其实质是 $\sigma_1 \sim \sigma_m$ 平面内椭圆的离心率问题。离心率是相对密度的函数。

考虑到静水应力分量对可压缩材料屈服的影响，许多学者建立的多孔材料屈服准则都是应力张量第一不变量 J_1 和应力偏张量第二不变量 J_2' 的函数。材料参数只与相对密度有关。即：

$$f(J_1, J_2', R) = 0 \tag{3-5}$$

式中 R——相对密度，即粉末体密度与理论密度之比。

并且，大多数屈服准则可表示为如下形式：

$$AJ_2' + BJ_1^2 = \delta Y_0^2 = Y_R^2 \tag{3-6}$$

式中 Y_0——基体材料流动应力；

$Y_R = (\delta)^{1/2} Y_0$——金属粉末体的流动应力；

A, B, δ——相对密度的函数。

与式（3-6）对应的相关流动本构关系为：

$$d\varepsilon_{ij} = \frac{d\bar{\varepsilon}_R}{2Y_R}(A\sigma_{ij}' + 2BJ_1\delta_{ij}) \tag{3-7}$$

在一般情况下，式（3-6）应满足两个要求，第一，当相对密度 $\rho \to 1.0$ 时，粉末冶金多孔可压缩材料屈服准则应退化为 Von Mises 屈服准则。第二，由于在单向均匀应力状态下的变形体屈服时，作用于变形体的单向应力应等于屈服应力，由此导出参数 A、B 间应满足下式关系：

$$A = 3(1 - B) \tag{3-8}$$

Kuhn 和 Downey 由烧结铁粉（MH-100）的实验得知塑性泊松比是相对密度的函数。他们提出椭球形的屈服表面。屈服准则中的参数为泊松比的函数。但屈服函数与基体材料流动应力无关，因此不能处理基体有硬化的材料。Kuhn 准则是一种半定量的准则：

$$(2 + R^2) J_2' + \frac{1 - R^2}{3} J_1^2 = \delta Y_0^2 = Y_R^2 \tag{3-9}$$

Green 假设一个刚塑性材料的厚壁球壳模型，在纯剪切和纯等静压条件下推导出其屈服准则。并把这两种准则综合起来，建立粉末体的屈服准则：

$$3J_2' + \frac{1}{4\{\ln(1 - R)\}^2} J_1^2 = \frac{3[1 - (1 - R)^{1/2}]^2}{3 - 2(1 - R)^{1/4}} Y_0^2 = Y_R^2 \tag{3-10}$$

Oyane 等人则是根据立方体单元胞模型推导屈服准则：

$$\frac{R^2}{3} J_2' + \frac{1}{(1 + \sqrt{R/(1 - R)})^2 R^2} J_1^2 = R^2 Y_0^2 = Y_R^2 \tag{3-11}$$

Shima 和 Oyane 提出与基体材料有关的等效应力、等效应变增量组成的屈服准则。它可以处理基体材料的加工硬化：

$$3J_2' + \frac{2.49(1 - R)^{0.514}}{9R^5} J_1^2 = R^5 Y_0^2 = Y_R^2 \tag{3-12}$$

Gurson 假设多孔材料为含孔的刚塑性单元胞，使用上限逼近方法获得一种屈服准则：

$$\frac{12}{5 - R} J_2' + \frac{1 - R}{5 - R} J_1^2 = \frac{4R^2}{5 - R} Y_0^2 = Y_R^2 \tag{3-13}$$

Tvergaard 准则 Gurson 是准则的修改式：

$$\frac{12}{4 + q_1 q_2^2 (1 - R)} J_2' + \frac{q_1 q_2^2 (1 - R)}{4 + q_1 q_2^2 (1 - R)} J_1^2$$

$$= \left\{ \frac{4[1 - 2q_1(1 - R)]}{4 + q_1 q_2^2 (1 - R)} + \frac{4q_3(1 - R)^2}{4 + q_1 q_2^2 (1 - R)} \right\} Y_0^2$$

$$= Y_R^2 \tag{3-14}$$

Corapcioglu 提出准则没有考虑材料的几何硬化：

$$3J_2' + \frac{0.361(1-R^2)+0.39(1-R)}{R^2} + \frac{1.2(1-R)}{R}J_1^2 = Y_0^2 = Y_R^2 \quad (3\text{-}15)$$

Spitzig 准则则考虑了材料的应变硬化，提出了如下准则：

$$\frac{12}{4+m^2(1-R)^m}J_2' + \frac{(1-R)^m m^2}{4+m^2(1-R)^m}J_1^2 = \frac{4[1-(1-R)^m]^2}{4+m^2(1-R)^m}Y_0^2 = Y_R^2 \quad (3\text{-}16)$$

式中 m——应变硬化指数。

El_Wakil 准则的屈服表面在主应力空间为一旋转双曲线。屈服准则中参数由 Green 准则给出。屈服表面显示出压制时变形伴随着体积的增加，这并不符合金属粉末体屈服变形实际：

$$2J_2' + aJ_1^2 = \frac{2}{3}B^2 Y_0^2 = Y_R^2 \quad (3\text{-}17)$$

Doraivelu 等人从 Kuhn 理论出发，通过一系列不同初始相对密度材料的压制实验，经验地建立多孔材料屈服应力与其基体材料屈服应力的关系。并结合塑性泊松比与相对密度的显示关系建立屈服准则。任学平考虑到粉末体的剪应力应加上由于静水应力和内摩擦造成的摩擦剪应力，从而推导出用内摩擦角表示的屈服准则。作者认为此准则与 Kuhn 准则等价，通过塑性泊松比与内摩擦角、内摩擦角与相对密度的关系推导出 Kuhn 准则用相对密度表示的新形式：

$$(2+R^2)J_2' + \frac{1-R^2}{3}J_1^2 = \frac{R^2-R_c^2}{1-R_c^2}Y_0^2 = Y_R^2 \quad (3\text{-}18)$$

Kim 准则是 Shima 和 Oyane 准则的修改式，补充了两个实验参数：

$$\left[\frac{3}{3+\alpha(1-R)}\right]J_2' + \frac{\alpha(1-R)}{3+\alpha(1-R)}J_1^2 = \frac{3R^n}{3+\alpha(1-R)}Y_0^2 = Y_R^2 \quad (3\text{-}19)$$

式中 α，n——实验值。

Lee 准则中的 A、B 表达式都与 Doraivelu 准则相同，只是提出了新的 δ 表达式。作者认为新的 δ 式给出粉末体流动应力与基体材料流动应力更合理的关系：

$$(2+R^2)J_2'+\frac{1-R^2}{3}J_1^2=\left[\frac{R-R_c}{1-R_c}\right]^2Y_0^2=Y_R^2 \tag{3-20}$$

赵仲治准则是用泊松比来表示：

$$3J_2'+\left[\frac{4\pi}{9}\cdot\frac{1-\nu^{3/2}}{\ln\nu}\right]^2J_1^2=\left[\frac{2\pi}{3}(1-\nu^{3/2})\right]^2Y_0^2=Y_R^2 \tag{3-21}$$

任学平准则是用材料内摩擦角来表示：

$$3\left(\cos^2\varphi+\frac{1}{3}\sin^2\varphi\right)J_2'+\frac{2}{3}\sin^2\varphi J_1^2=[k(R-R_c)]^{1/2}Y_0^2=Y_R^2 \tag{3-22}$$

Park 则认为 Shima 和 Oyane 准则中 δ 式最合理，并认为 A、B 值由泊松比表达能把不同的材料特性考虑进去，提出自己的屈服准则：

$$(2+2\nu)J_2'+\frac{1-2\nu}{3}J_1^2=\frac{1.44R^5}{2.44-R}Y_0^2=Y_R^2 \tag{3-23}$$

汪俊研究了相对密度从低密度到高密度全区域的闭模压制实验值，拟合出了闭模压制时径向应力与轴向应力比值，并由此推导出自己的屈服准则：

$$\frac{2+4\xi}{1+\xi}J_2'+\frac{1-\xi}{3(1+\xi)}J_1^2=Y_R^2=\delta Y_0^2 \tag{3-24}$$

其中：

$$\xi=(a+bR^f)^{-1/c}=(-26.22485+27.23437R^{-6.49349})^{-0.17442}$$

$$\delta = [(R - R_c)/(1 - R_c)]^2$$

除以上的屈服准则外，还有 Roman 等人（1980）提出的屈服准则，假定变形能达到极限值时，材料进入塑性状态。但混淆了弹性和塑性状态的泊松比。并且未给出 δ 式。

除了以上屈服准则之外，还有一些不便用式（3-6）表示，见表 3-1。

表 3-1 不便用式（3-6）表示的粉末体屈服准则

序号	学者名称	提出日期	屈服准则	注 解
1	Tabata	1977 年	$f = (3J_2')^{\frac{1}{2}} \pm \Omega J_1 - k = 0$	$J_1 \leqslant 0$，取“+”；$J_1 > 0$，取“−”； Ω、k 与 R 有关；k 还与 Y_0 有关
2	Duszczyk	1987 年	$f = \dfrac{3J_2' + BJ_1^2}{A} - CY_0^2 = 0$	$0.7 \leqslant R \leqslant 0.85$, $B = (0.3 - 0.1R)/(1.8 + 0.4R)$； $0.85 \leqslant R \leqslant 1$, $B = 1.25 \times (1 - R)/(-2 + 5R)$；$A = 1 + B$； $\dot{\varepsilon} = 1S^{-1}, C = 2.78(R - 0.4)^2$； $\dot{\varepsilon} = 0.01S^{-1}, C = 4(R - 0.5)^2$； $\dot{\varepsilon} = 0.001S^{-1}, C = 6.25(R - 0.6)^2$；
3	Hwang	1990 年	$f = (2 + R^2)J_2' + \dfrac{1 - R^2}{3} \times (J_1 + p)^2 - \dfrac{R^2 - R_C^2}{1 - R_C^2} Y_0^2 = 0$	P 为 R 的函数

Tabata 屈服准则是考虑多孔材料的拉压不对称性，在 Oyane 准则的基础上提出的，它的屈服表面在主应力空间为两个圆锥体。

Duszczyk 屈服准则则考虑了在不同应变率下的材料几何硬化不同，不同相对密度阶段径向应力与轴向应力比值的变化。

Hwang 屈服准则也考虑多孔材料的拉压不对称性，因此在主应力空间的椭球形屈服表面应该向压缩方向平移。这个平移量为相对密度的函数。结果屈服表面在 Rendulic 应力平面内（$\tau^* - \sigma_m^*$）与实验值接近。

事实上，以上 3 个屈服准则由于理论上的缺陷或公式形式过于复杂，在实际工作中运用很少。

C 方法评价

对上述屈服准则进行分析发现，除汪俊模型外，其他模型在描述粉末金属成形的密度阶段时存在较大误差。这是因为其他模型主要是基于粉末冶金烧结多孔材料推导出的屈服准则来描述粉末金属成形过程。而粉末金属压制初期的特性与粉末冶金烧结多孔材料成形时的特性差别较大，因此用基于粉末冶金烧结多孔材料推导出的屈服准则来描述粉末金属成形过程的初期阶段不可避免会造成较大误差。

上述的屈服准则，除 Kuhn、大矢根、Doraivelu、Kim、Lee、汪俊屈服准则以外，其他的准则均不满足式（3-8）。实际上，Kuhn 屈服准则、大矢根屈服准则、Doraivelu 屈服准则的左端是完全相同的，它们之间的差别仅在于 δ-ρ 关系的差异。在物理意义上，可以认为三种屈服准则对多孔可压缩材料达到屈服时的线弹性形变能进行了不同的取值，从而得到了粉末金属成形时不同的硬化模型（具体来讲是几何硬化模型）。正是因为 δ-ρ 关系的不同，决定了三种屈服准则对不同种类的粉末金属压缩塑性行为描述的合理性。

就目前情况看来，基于粉末金属烧结多孔材料塑性力学的粉末金属成形数学模型基本上都是在完全致密体求解的基础上，做一些假设，然后经过实验修正，因而所得结果只适合个别的变形过程，不能适用于普遍情况。分析其原因，主要有以下几点：

（1）可压缩连续体假设与实际情况有差别。

（2）基于实验的半经验数学模型只实用于特定材料的特定压制情况，不普遍适用。

（3）粉末金属压制初期的特性与粉末冶金烧结多孔材料成

形初期时的特性差别较大，用基于粉末冶金烧结多孔材料推导出的屈服准则来描述粉末金属成形过程的初期阶段不可避免会造成较大误差。

（4）基于粉末冶金烧结多孔材料推导出的屈服准则没有考虑粉末金属成形时颗粒大小、制粉方式对材料硬化的影响。

对粉末体屈服准则研究上缺乏广泛深入的合作，造成多种意见、多种模型并存的局面。

3.2.1.2 基于土塑性力学的金属粉末成形数学模型

粉末体与土体的性质有着重要的相似性，即屈服过程中体积可变。从土塑性力学的理论出发，建立金属粉末体压制成形模型也是一个行之有效的方法。

1773 年 Coulomb 提出 Coulomb 屈服准则和连续体极限平衡的概念是对土塑性力学的最早贡献。后来，在 1857 年 Rankine 研究了半无限体的极限塑性平衡，提出了滑移面的概念。20 世纪初，建立了滑移线法。Fellenius 则建立了极限平衡法，他还假设了一些简化的破坏面去求解土力学中具体工程问题。20 世纪中叶，Drucker 等人提出了静水压力会使岩土材料产生屈服的概念，因而需要在 Mohr-Coulomb 锥形屈服面上，再加上一簇强化帽形屈服面，这是土塑性力学的一大进展。Roscoe 和他的学生则提出了土的临界状态概念，并建立了剑桥模型（Cam-Clay 模型），从理论上阐明了土体弹塑性变形特性，开创了土体的实用模型。20 世纪 70 年代至今，土塑性力学的研究非常活跃，除了弹塑性模型外，还建立了各种黏弹性模型、黏塑性模型，同时，各国学者还非常重视对各类土的本构模型实验验证工作。目前，土的本构模型研究正处于百花齐放、方兴未艾阶段。土塑性力学理论的发展，已经使金属塑性力学成为它的一种特殊情况。因此，土塑性力学又称为广义塑性力学。

与致密金属塑性力学比较，土塑性力学具有如下特点：

（1）在金属塑性力学中，一般认为体积变化是弹性的，没有塑性体积应变；而土介质材料往往有塑性体积应变。

(2) 金属材料的屈服与静水应力无关，而土介质材料的屈服受静水应力的影响。

(3) 金属材料的弹性系数与塑性应变无关，即弹、塑性不耦合；而土介质材料要考虑弹性系数随塑性变形的发展而变化的弹、塑性耦合现象。

(4) 金属的屈服准则是建立在剪切屈服基础上的，而土介质的屈服准则不仅考虑剪切屈服还要考虑体积应变屈服。

(5) 金属塑性力学中，主要考虑塑性势函数与屈服函数相一致的关联流动法则；而土介质塑性力学中往往还考虑塑性势函数与屈服函数不一致的非关联的流动法则，这时塑性应变增量方向与塑性势面正交，但与屈服面不正交。

(6) 金属塑性力学中，只考虑符合 Drucker 公设的稳定材料，不允许出现软化阶段。而土介质塑性力学也可考虑出现软化阶段的所谓不稳定材料。

而以上的特点正好符合对描述粉末金属成形过程的数学模型的要求。实际上土介质从微观上看是不连续的，但从宏观上来说，这些微观结构上的不连续并不重要，可以连续介质力学的基本方程来求解土力学的问题。这些基本方程包括：平衡方程或运动方程；应变与位移的相容性条件；材料的本构方程或应力—应变关系。因此，土介质本构模型的研究在理论上属于连续介质力学本构理论的范畴。

在求解土塑性力学问题的基本方程中，最重要的是材料的本构方程，这是因为平衡方程和协调方程与材料的特性是无关的，不论对于金属、土、岩石或混凝土，它们都是适合的。而材料的本构方程却是因材料的实际性质的差异而各不相同的。一旦知道了材料的本构方程，加上平衡方程与协调方程就能确定材料介质对外载的响应。

A 基本假设

在粉末金属成形和土体材料变形过程中，它们的变形规律很复杂，为了简化计算采用以下几点假设：

（1）连续性假设。它还属于连续介质力学范围。

（2）各向同性假设，一般假设材料是各向同性的。

（3）一般情况下，忽略时间的影响，在时间不太长的情况下，可忽略蠕变和松弛效应，在应变率不太大的情况下，可忽略应变率对塑性变形规律的影响。

B 运用于粉末金属成形过程的土塑性力学屈服准则

Mohr-Coulomb 屈服准则在三维应力空间表达式为：

$$f(\sigma, h) = \frac{1}{3}J_1\sin\varphi + (J_2')^{1/2}\cos\theta - \left(\frac{1}{3}J_2'\right)^{1/2}\sin\varphi\sin\theta - C\cos\varphi - h(\varepsilon_V^p) \quad (3\text{-}25)$$

式中 h——硬化模量；

φ——内摩擦角；

θ——膨胀角；

C——黏聚力。

在主应力空间，Mohr-Coulomb 屈服表面是一棱锥面，中心轴线与等倾线重合。Mohr-Coulomb 屈服准则在 $(J_2')^{1/2}$-σ_m 平面内屈服线为两条直线，见图 3-3(a)；而在 π 平面上，Mohr-Coulomb 屈服准则是一个不等边六边形，见图 3-3(b)。

俞茂宏提出材料的屈服决定于两个较大的主剪应力，即最大剪应力 τ_2 和中间主剪应力 τ_1 或 τ_3，其表达式为：

$$\begin{cases} \tau_2 + \tau_1 = \dfrac{1}{2}(\sigma_1 + \sigma_2) = C & \text{当}\tau_3 \leqslant \tau_1\text{时} \\ \tau_2 + \tau_3 = \dfrac{1}{2}(\sigma_3 + \sigma_2) = C & \text{当}\tau_3 \geqslant \tau_1\text{时} \end{cases} \quad (3\text{-}26)$$

Drucker 和 Prager 提出在主应力空间为一圆锥形的屈服表面的屈服准则，中心轴线与等倾线重合。在 π 平面上，其屈服曲线为 Mohr-Coulomb 的内切圆。屈服准则的表达式为：

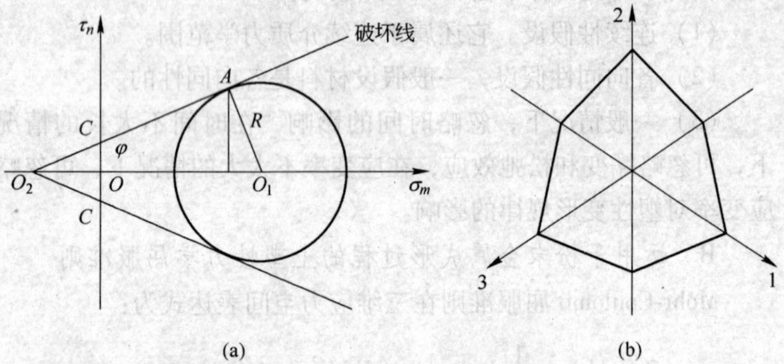

图 3-3 Mohr-Coulomb 模型屈服表面

(a) $(J_2')^{1/2}$-σ_m 平面；(b) π 平面

$$F = \alpha J_1 + (J_2')^{1/2} - K = 0 \tag{3-27}$$

其中：

$$\alpha = \frac{\sin\varphi}{\sqrt{2}\sqrt{3 + \sin^2\varphi}} \tag{3-28}$$

$$K = \frac{\sqrt{3}C\cos\varphi}{\sqrt{3 + \sin^2\varphi}} \tag{3-29}$$

Drucker 和 Prager 模型认为当材料处于弹性阶段（$F<0$）或卸载时（$F=0$，同时 $\delta F<0$），应力-应变关系为：

$$\delta\varepsilon_{ij} = \frac{\delta J_1}{9K}\delta_{ij} + \frac{\delta S_{ij}}{2G} \tag{3-30}$$

或

$$\delta\sigma_{ij} = K\delta\varepsilon_{kk}\delta_{ij} + 2G\delta e_{ij} \tag{3-31}$$

其中：

$$\delta_{ij} = \begin{cases} 1 & i = j \\ 0 & i \neq j \end{cases}$$

式中 K，G——分别为体积弹性模量和剪切弹性模量；

δe_{ij} ——应变偏量增量。

当 $F=0$，且加载时（$\delta F=0$），应力-应变关系为：

$$\delta\varepsilon_{ij} = \frac{\delta J_1}{9K}\delta_{ij} + \frac{\delta S_{ij}}{2G} + \mathrm{d}\lambda\left(-\alpha\delta_{ij} + \frac{S_{ij}}{2\sqrt{J_2'}}\right) \tag{3-32}$$

$$\delta\sigma_{ij} = K\delta\varepsilon_{kk}\delta_{ij} + 2G\delta e_{ij} - \mathrm{d}\lambda\left(-3K\alpha\delta_{ij} + \frac{GS_{ij}}{\sqrt{J_2'}}\right) \tag{3-33}$$

其中：

$$\mathrm{d}\lambda = \frac{-3K\alpha\delta\varepsilon_{ij} + \dfrac{G}{\sqrt{J_2'}}S_{mn}\delta e_{mn}}{9K\alpha^2 + G} \tag{3-34}$$

塑性体积应变为：

$$\delta\varepsilon_{kk}^{p} = -3\alpha\left(\frac{-3K\alpha\delta\varepsilon_{ij} + \dfrac{G}{\sqrt{J_2'}}S_{mn}\delta e_{mn}}{9K\alpha^2 + G}\right)$$

其后，其他学者对系数 α、K 又提出其他一些表达式，建立新的屈服准则。这类屈服准则通称为广义 Von Mises 屈服准则。Drucker 和 Prager 屈服准则是广义 Von Mises 屈服准则的一种特殊情况。广义 Von Mises 屈服准则在 π 平面上仍然是个圆，在主应力空间，它的屈服面是一个圆锥体面，中心轴线与等倾线重合见图 3-4。

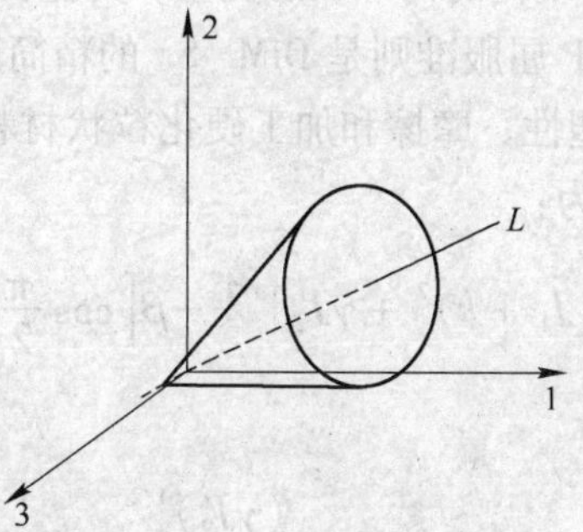

图 3-4 广义 Von Mises 屈服准则

因为金属粉末压制过程的压力远大于土力学中的压力，运用涉及体积增加的 Mohr-Coulomb 屈服准则的破坏表面就不太合适，所以 Drucker 等人在 Mohr-Coulomb 破坏锥面加上一球形帽子。Jenike 和 Shield 则用平面来封闭 Mohr-Coulomb 破坏锥面。

Burland 屈服准则认为屈服表面中帽子应用圆来代替，屈服准则（按 Von Mises 准则形式）为：

$$f = [(J_2')^{\frac{1}{2}}\cos\theta\cos\varphi]^2 + (\sigma_m)^2 + (C\cos\varphi)^2 \tag{3-35}$$

DiMaggio 和 Sandler 提出的 DiM. -S. 帽子模型。屈服准则为：

$$f_1 = (J_2')^{1/2} - [A - C\exp(BJ_1)] \tag{3-36}$$

$$f_2 = (J_2')^{1/2} - \frac{[(X-L)^2 - (J_1 - L)^2]^{1/2}}{R} \tag{3-37}$$

其中：

$$X = L - R[A - C\exp(BL)] \tag{3-38}$$

式中 A，B，C——材料参数；

R——椭圆半轴之比。

与之相对应的是 Drucker-Prager 屈服准则：

$$f_1 = (J_2')^{1/2} - [k - \alpha J_1] \tag{3-39}$$

$$f_2 = J_1 - X(k) \tag{3-40}$$

式中 k——计量硬化的内部状态变量，为塑性体积应变的函数。

通常认为 D-P 屈服准则是 DiM. -S. 的精简版本。

Suh 在研究塑性、摩擦和加工硬化粒状材料时提出一种屈服准则，其表达式为：

$$f = [(-\bar{J}_1 + k)^2 + \gamma J_2']^{1/2} - \beta\left[\cos\frac{\pi}{2}\frac{\theta}{\varphi}\right]^n = 0 \tag{3-41}$$

其中：

$$\tan\theta = \frac{(\gamma J_2')^{1/2}}{\bar{J}_1 + k} \tag{3-42}$$

$$\bar{J}_1 = \frac{1}{3}J_1 \tag{3-43}$$

式中 k，n，β——正的材料性能常数，$\gamma = \frac{2}{3}$。

考虑到加工硬化：

$$k = k_0 - k_1\bar{J}_1 \tag{3-44}$$

$$\beta = \beta_0 - \beta_1\bar{J}_1 \tag{3-45}$$

式中 k_0，k_1，β_0，β_1——材料常数，由实验得出。

Suh 屈服表面为旋转双纽线。显然，Suh 准则中未包含相对密度的影响，并且公式的形式过于复杂，因而在粉末金属压制过程的分析中，运用很少。

Roscoe 和 Burland 在假设土体是加工硬化材料时，根据能量方程，提出剑桥模型（Cam-Clay 模型）。后来又提出修正的剑桥模型，即在应力空间中，屈服表面为一锥面加上一椭球面帽子。椭球面帽子屈服表面随着加工硬化不断向外扩大。屈服准则表达式（按 Von Mises 准则形式）为：

$$f = 3(J_2')^{1/2} + \frac{M}{(J_2')^{1/2}}(\sigma_m + 2\sigma_m\sigma_c) \tag{3-46}$$

式中 M——Mohr-Coulomb 在 $(J_2')^{1/2}$-σ_m 空间中破坏表面的斜率；

σ_c——平均应力轴上的临界应力。

屈服表面如图 3-5 所示。Roscoe 和 Burland 认为在状态边界面内时，当剪应力增加时，不产生塑性体积变形，但产生塑性剪切变形，因此，状态边界面内存在一个新的屈服面。

Wilde、Nemet-Nasser 和 Shokooh 提出各自的模型。Vermeer 对砂子提出双硬度模型。Broese van Groenou 将之运用于粉末材料，获得初步满意的效果。

Brekelmans 比较了两种 D-P 型本构模型，一种是本书前述的屈服表面为一圆锥加平面底 D-P 的模型，一种是不常见的椭圆

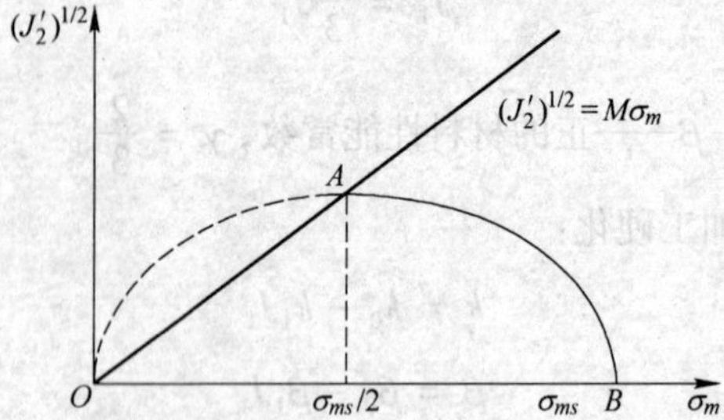

图 3-5 修正剑桥模型的屈服表面

形屈服表面的模型。借助于单向压缩试验，作者认为准则中应包含足够多的调整参数，以便可通过实验来修正模型。

土塑性力学仍在发展之中，不断有人提出新的屈服准则，就目前对金属粉末体压制过程的应用而言，限于上述几种，其余不再赘述。

C 方法评价

粉末金属材料与土介质具有相似的特性（体积可变）。这是运用基于土塑性力学的数学模型来描述粉末金属压制过程的基本出发点。从这点来看，用广义塑性力学理论来描述金属粉末体压制过程是有前途的。

但是土介质和粉末金属还有不同的特性，土体颗粒与金属颗粒本身特性存在有较大差别，如颗粒的几何因素（颗粒的大小以及分布等）、物理因素（颗粒间作用力等）和颗粒表面因素（摩擦和黏性），这些差别造成了成形时两者具有不同的特性，如：土体除了有体积缩小现象以外，在低密度下还会出现体积膨胀现象，这与金属粉末是不同的。

用广义塑性力学理论为实际应用的目的而建立起来的各种土的本构模型，都是作了许多的假设，这必然造成一定误差。并且粉末金属和土介质成形的实际情况是十分复杂的，随加载条件的不同其性状有很大的变化，实际上并不存在一种能描述实际土介质在所有条件下复杂性状的本构模型，每种本构模型都只是反映了某一类现象，描述了某种条件下的基本特性并忽略了另外一些特性。所以，每类本构模型都有它的应用范围和局限性。

另外，用广义塑性力学理论建立的屈服准则中应包含足够多的参数，这些参数通过试验得出以调整屈服函数在运用中的合理性。虽然 Gethin 提及黏聚力和内摩擦角都与相对密度有关，但相对密度量并未在屈服准则中显示出现。屈服准则中参数需要通过大量深入的试验获得。所以复杂的多参数土塑性力学模型运用于粉末金属材料时有较大的实际困难。

应用经典的 Mohr-Coulomb 屈服准则来描述粉末金属的致密化行为，即认为粉末金属的屈服只是应力等效应力超过材料的黏聚力，还不能考虑到材料的硬化现象。在 Mohr-Coulomb 屈服表面上加一个椭圆的帽子，用来描述粉末金属在压制中的应变硬化和几何硬化，为解决硬化问题提供了一种方法。

3.2.2 基于非连续介质力学的途径

虽然许多专家用连续体理论对金属粉末压制过程进行了大量研究，在描述粉末体成形宏观行为方面取得了较好的效果，但是，连续体方法不能涉及颗粒特性，如颗粒的几何因素（颗粒的大小以及分布等）、物理因素（颗粒间作用力等）和颗粒表面因素（摩擦和黏性）的影响。为了研究粉末的微观特性对成形性能的影响，就要运用非连续介质方法，这种方法是将粉末体视为颗粒的集合体，并建立单个颗粒行为与粉末集合体宏观行为的联系。采用这种方法进行研究的主要是基于密集堆积球形颗粒的微观力学方法。

基于密集堆积球形颗粒的微观力学方法是将粉末体视为颗粒的集合体，粉末颗粒被近似视为弹性形（2D）或球形（3D），并建立单个颗粒行为与粉末集合体宏观行为的联系。Bathurst 假定颗粒间满足线性接触规律（Hooke 定律），颗粒为各向同性，用二维圆盘来表示单元，研究了粉末堆积行为。Kotera 考虑了压制时颗粒形状变化，利用三维颗粒模型描述了粉末压制过程。O' Donnel研究压制时孔隙的形状对粉末孔隙度-压力关系的影响，研究在二维平面上进行，并考虑了颗粒的塑性变形。另外，Chang 等人对颗粒的各向异性进行了研究。

从所研究对象的微细观层次和颗粒间作用力类型和能量耗散机理上进行分类，基于密集堆积球形颗粒的微观力学方法可分为两种方法：

其一：分子动力学方法，该方法是基于分子和晶体点阵的层面上进行研究，在分子系统中，系统总能量守恒，用各种势函数来求解力-位移关系。

其二：个别单元法，该方法是基于固体颗粒的层面上进行研究，在该系统中，引入非线形黏弹性模型，由颗粒的本构规律、颗粒间的接触关系，计算出力-位移的关系，目前，该方法应用于粉末压制较多。

3.2.2.1 计算模型

在目前的计算模型中，计算单元被近似视为弹性的圆形（2D）或球形（3D），见图 3-6。单元之间的作用力用弹簧阻尼和滑块来表示，见图 3-7。

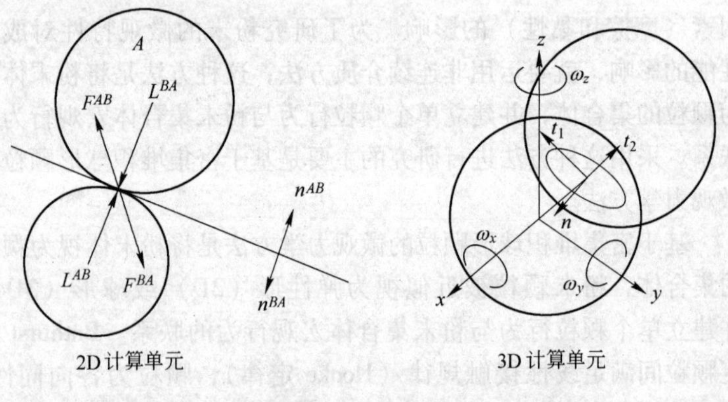

图 3-6 微观计算单元

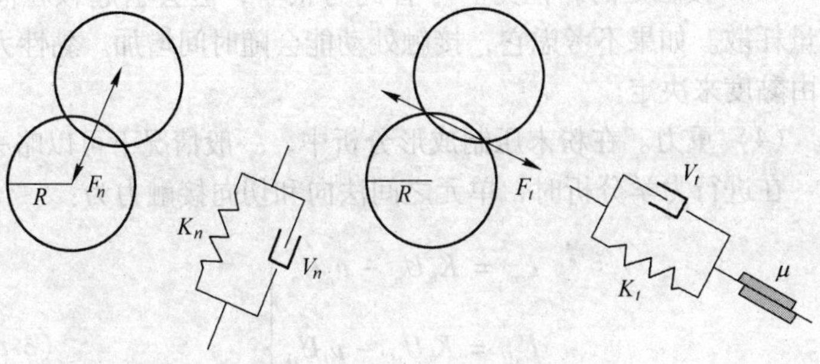

图 3-7 单元之间的微观力

从颗粒间的作用力类型来看，作用力可分为：

（1）接触处法向力。接触处视颗粒的变形，有弹性和塑性的变形抗力。当颗粒间接触变形极小时，电磁力为主要考虑对象：

$$F_E = 0.733E\sqrt{\frac{R_iR_j}{R_i + R_j}}\delta^{\frac{2}{3}} \quad (\delta \leqslant \delta_p) \qquad (3\text{-}47)$$

式中 $F_E = F_n$；

E——杨氏模量；

R——颗粒半径；

i，j——分别为接触的不同颗粒；

$\delta = R_i + R_j - \Delta_{ij}$——颗粒间因变形而重叠的部分；

Δ_{ij}——颗粒 i 和 j 的中心距离；

δ_p——颗粒塑性变形开始时的临界重叠部分。

此后，$F_n = F_p$。但是，式（3-47）中 Δ_{ij} 难以测定，R_i、R_j 都是理想化的尺寸，求解的结果与实际相差较大。

（2）颗粒间的摩擦力。当两个颗粒以切向相向运动时，必然产生摩擦力。最大的摩擦抗力为 μF_n，F_n 是接触处法向力，μ 是颗粒间摩擦因子。对于非规则形状颗粒，难以确定其摩擦因子。

（3）接触处的黏性力。尽管此力很小，但会引起颗粒间的能量耗散。如果不考虑它，接触处动能会随时间增加。黏性力大小由黏度来决定。

（4）重力。在粉末压制成形分析中，一般情况下可以略去。

在进行力学分析时，单元之间法向和切向接触力为：

$$\left.\begin{aligned} F_n &= K_n U_n - \nu_n \dot{U}_n \\ F_{t1} &= K_t U_{t1} - \nu_t \dot{U}_{t1} \\ F_{t2} &= K_t U_{t2} - \nu_t \dot{U}_{t2} \end{aligned}\right\} \tag{3-48}$$

其中：

$$\sqrt{F_{t1}^2 + F_{t2}^2} \leqslant \mu F_n \tag{3-49}$$

某单元与相邻单元局部接触力和接触力矩的总和为：

$$F_g = \Sigma(F_{t1}\bar{t}_1 + F_{t2}\bar{t}_2 + F_n\bar{n}), \quad M_g = \Sigma RF_t \tag{3-50}$$

式中 $\bar{t}_1, \bar{t}_2, \bar{n}$——接触面上切向、法向单位矢量。

这样可得出平衡方程：

$$M\ddot{x} + \eta\dot{x} + F_b + F_g = 0 \tag{3-51}$$

$$I\ddot{\theta} + \eta I\dot{\theta} + M_b + M_g = 0 \tag{3-52}$$

式中 M——单位质量；

η——总黏度；

F_b——体积力。

如果外部有一加载运动，则上述运动方程对时间积分便可求出单元速度和位移的时间历史。

3.2.2.2 方法评价

基于密集堆积球形颗粒的微观力学方法从微观的角度研究颗粒特性对粉末体宏观性能的影响，弥补了连续体方法不能解决的问题，具有一定的实际意义。

但该方法还存在有问题：

首先，该方法假设颗粒为球形，与实际颗粒不规则形状有差距，并且压制后期，颗粒与颗粒已连接在一起，这时单元的形状和作用力均变化，计算中的球形假设已不再合适。

其次，颗粒之间作用力比较复杂，作用力模型有待进一步完善。

再次，不规则形状颗粒之间运动规律复杂，难以用简单模型描述。

鉴于以上原因，用该方法来模拟粉末体的压制过程误差过大。如 Kotera 等人用三维颗粒模型模拟了粉末金属模压、等静压和三向压制过程。结果并不能使人满意，压力与密度关系的计算值仅为实验值的2/3。

3.2.3 建模途径的评价与本书建模途径

由上所述可知，基于连续介质力学的研究是粉末多孔体成形建模的主流。基于烧结体塑性力学方法建立的模型运用于粉末成形过程有一定的近似条件，主要是因为烧结体多孔材料与压坯在较高密度时的特性非常相似，因而使用该方法建模在描述压坯的高密度阶段的成形过程时具有较高的精确性，而在描述低密度阶段成形过程时不够精确。汪俊基于相对密度从低密度到高密度全区域的闭模压制实验值，推导出的屈服准则，没有考虑粉末金属成形时颗粒大小、制粉方式对材料硬化的影响，限制了它的应用范围。

虽然，土介质与粉末金属有很多相似之处，但是土介质和粉末金属还有不同的特性，土体颗粒与金属颗粒本身特性存在有较大差别，如颗粒的几何因素（颗粒的大小以及分布等）、物理因素（颗粒间作用力等）和颗粒表面因素（摩擦和黏性），这些差别造成了成形时两者具有不同的特性，如：土体除了有体积缩小现象以外，在低密度下还会出现体积膨胀现象，这与金属粉末体压制过程是不同的。同时，基于广义塑性力学理论为实际应用的目的而建立起来的各种土的本构模型，作了过多的假设，这必然造成一定误差。另外，用广义塑性力学理论建立的屈服准则中应包含过多的参数，这些参数需要通过大量深入的试验获得。所以复杂的多参数土塑性力学模型运用于粉末金属材料时有较大的实际困难，减少参数必定造成较大误差。

基于非连续介质力学在研究粉末的微观特性对成形性能的影响有一定的进展，但是此方法的实现还存在一定困难，主要是简化粉末颗粒为球形与实际颗粒不规则形状有差距，不考虑随着压制进行颗粒的变化也与实际不符。另外颗粒之间的作用力类型仍有争论。因此，基于微观颗粒的模型只适合描述粉末的堆积过程、静压制和压制前振动对粉末性能的影响，描述粉末金属压制过程宏观性能的变化与实际差距较大。

由于离散的颗粒模型的诸多不足和基于广义塑性力学建立模型描述粉末成形过程的困难，本书采用基于烧结体塑性力学方法进行建模，并在实验的基础上，深入研究相对密度全区域（低密度区域和高密度区域）的致密化过程，研究粉末金属成形时颗粒大小、制粉方式对材料硬化（几何硬化和应变硬化）的影响，弥补低密度区域模型精度不够的缺点，建立新模型。

3.3 粉末金属成形过程中裂纹预测模型及建模途径

由于粉末成形机理复杂，尚没有一个公认的压制模型，对压制过程产生的裂纹研究更是少之又少。实际上，裂纹可以出现在粉末成形过程的任何一个阶段。由于内摩擦力和外摩擦力的作用，压制时粉末体呈柱状流动，造成坯体密度分布不均匀，随着压制进行，由于局部拉应力、横向剪应力或两种应力共同作用力过大，造成颗粒的不黏合或当作用力达到粉末颗粒之间的连接强度（该强度由粉末颗粒之间的联结力决定）时，坯体开裂，形成裂纹。在坯体脱模阶段，由于约束解除过程中各部分膨胀不同，造成局部张力超过其强度极限，形成回弹裂纹。

为了预测粉末金属成形过程中产生的裂纹，就需要对粉末成形机理进行研究，以金属粉末压制模型为基础，并从损伤力学角度出发，推导出相关的裂纹预测模型，并将其运用于金属粉末压制过程数值模拟、粉末冶金零件设计、压制工艺设计和模具设计。

3.3.1 粉末金属成形过程的细观损伤现象

由于冶炼过程不能除尽材料中所含杂质，制粉过程和储存期间金属颗粒可能发生化学变化，同时由于成形时加入的润滑剂、成形剂及颗粒之间的空气，使粉末体颗粒可看成是多相混合体。这些夹杂、气孔不仅各自的成分和力学行为不同，它们和基体的结合程度也有很大的差异。压制时，粉末中含有的杂质、颗粒的化学变化、润滑剂过多或分布不均匀和气孔的存在都可阻止颗粒之间的正常黏合，在这些部位形成较小的联结力甚至不黏合，不黏合处形成初始空穴，随着载荷加大，部分初始空穴逐渐缩小黏合，但一直处在较大有效塑性应变和三轴应力场作用下的空穴，随着载荷和变形程度的加大，空穴逐渐长大并与附近空穴聚合，最终形成宏观裂纹，实际上，这种裂纹面上的粉末颗粒之间自始至终都没有黏合。对于压制过程中已黏合粉末体，压制粉末体的强度取决于粉末颗粒之间的联结力，而粉末颗粒之间的联结力一般分为两种：

第一为粉末颗粒之间的机械啮合力；

第二粉末颗粒表面原子之间的引力。

对于金属粉末来说，机械啮合力是使粉末体具有强度的主要联结力。由于存在杂质、颗粒的化学变化、润滑剂过多或分布不均匀和气孔作用，在这些部位形成较小的联结力，当受载达到一定程度时，空穴重新在这些强度较弱部位形核，随着载荷和变形程度的增加，新的空穴分阶段依次在粉末体强度较弱处形核，空穴一旦形核便随变形程度的增加而长大。空穴的形核与长大过程就是粉末体材料受削弱的过程，空穴处不仅使局部承载面积减少，而且造成了强烈的非均匀应力场，使得该区域内颗粒之间的结合更易遭到破坏，从而引发更多空穴形核，空穴一旦形核，即在增加的有效塑性应变和三轴应力场作用下不断扩张，直至聚合成宏观裂纹。

3.3.2 韧性损伤准则

一般情况下，粉末金属闭模压制过程中，粉末体在模具中受三向压制力作用，在破坏失效之前，已经产生明显的塑性变形，它属于韧性破坏。目前预测这类裂纹产生和扩展主要采用损伤力学的方法。损伤力学一般有两种处理方法：

第一为宏观的处理方法，它是把包含各种缺陷的材料基体及具有分布缺陷的材料，简化为一种带有“损伤场”的“连续介质”，引入适当的“损伤变量”来表征这种“连续损伤介质”的物理性质，并用“损伤演变规律”来描述这种损伤缺陷的形成、扩展和聚合过程。它的处理过程一般分为 4 个阶段：

（1）选择合适的损伤变量。描述材料中损伤状态的场变量称为损伤变量。宏观的处理方法将损伤变量当作内变量。Lematire 和 Westlund 选用的损伤变量是和有效应力相联系的。Rousselier 所选用的损伤变量和质量相关。Dragon 与 Mroz 所选用的损伤变量则是与微裂纹密度相联系。大部分作者所选用的损伤变量是标量。Leckie 与 Onat，C. Stab 与 J. C. Boyer，Murakami 与 Ohno 等建议采用张量来描述各向异性损伤。

（2）建立损伤演变方程。材料内部损伤是随外界因素（如载荷、温度及腐蚀等）的变化而变化的，为了描述损伤的发展，需建立描述损伤发展的方程。

（3）建立包含损伤的本构关系。根据材料变形过程中的广义热力学势函数（吴-梁塑性损伤演变方程是以考虑损伤的塑性势作为热力学势能，嵇国金将最大拉应力的塑性势作为热力学势能）和耗散势函数，利用正交性原则可推导出应变发展方程，损伤发展方程和随动硬化方程。

（4）根据初始条件和边界条件求解材料各点的应力、应变和损伤值。由计算得到的损伤值，可以判断各点的损伤状态。

下面为基于宏观处理方法的主要塑性损伤模型：

Lematire 模型：

$$D = \frac{D_c}{\varepsilon_R - \varepsilon_D}\left\{p\left[\frac{2}{3}(1+\nu) + 3(1-2\nu)\left(\frac{\sigma_m}{\sigma_{eq}}\right)^2\right] - \varepsilon_D\right\} \tag{3-53}$$

式中 D——损伤变量；

p——积累塑性应变；

ν——泊松比；

σ_m——静水应力；

σ_{eq}——等效应力；

ε_R——损伤等效应变门槛值；

ε_D——失效时的等效应变；

D_c——材料常数。

吴-梁模型：

$$D = \frac{D_c}{\varepsilon_R - \varepsilon_D}\left\{\left(\exp\left[B\left(\frac{\sigma_m}{\sigma_{eq}} - \frac{1}{3}\right)\right]\right)\varepsilon_{eq} - \varepsilon_D\right\} \tag{3-54}$$

式中 B——材料常数；

ε_{eq}——等效应变。

Rousselier 模型：

$$D = \ln\left(1 + \frac{1-\rho}{\rho f_0}\right) \tag{3-55}$$

式中 f_0——初始空穴体积率；

ρ——损伤处材料密度。

第二为细观处理方法，它是根据材料的微观成分（如基体、颗粒、空洞等）单独的力学行为和它们的相互作用来建立宏观的本构关系和研究韧性破坏。实际上，很多学者都从细观处理方法着手对多孔体材料压制缺陷的预测进行过研究，M. Oyane 由自己的多孔体压制模型出发，提出随着变形进行，当空穴密度达到一个值时材料失效。由此导出韧性损伤准则。Gurson 则提出描述多孔体材料的弹塑性流动势方程，提出 f（空穴密度）达到100%时，材料完全丧失承载能力。但实际材料失效时 f 达不到100%。为此 Tvergaard 和 Needleman 考虑空穴间相互影响而引入参数 p_1、p_2，对 Gurson 的多孔体材料的弹塑性流动势方程进行修改，并用 f^* 来代替 f，其中 f^* 为 f 的函数。贾建军假设出现裂纹时的空穴体积率 f_c 为应力三轴度的函数，利用 Rice 和郑长卿等人的研究成果，得到了体积膨胀损伤因子，确定了自己的损伤断裂准则。细观模型为损伤变量和损伤演化赋予了真实的几何形象和物理过程，深化了对损伤过程本质的认识。但这种通常称为“自适应”方法的主要困难是需要经过许多简化假设才能从非均质的微细观材料过渡到宏观的均质材料。由于损伤机制非常复杂（例如多重尺度、多种机制并存及交互作用等），人们对微细观组成及其作用的了解还不够充分，目前这种方法还有待进一步的研究和发展。

下面为基于细观处理方法的主要塑性损伤模型：

Gurson 流动势方程：

$$\phi = \frac{\sigma_e^2}{\sigma_M^2} + 2f\cosh\left(\frac{\sigma_m}{2\sigma_M}\right) - (1 + f^2) = 0 \tag{3-56}$$

式中 σ_e——空穴材料流动应力；

σ_M——基体材料流动应力；

f——空穴体积率。

Gurson 认为 f 达到100%时材料单元完全丧失承载能力。

Tvergaard 和 Needleman 流动势方程：

$$\phi = \frac{\sigma_e^2}{\sigma_M^2} + 2q_1 f^* \cosh\left(\frac{3q_2\sigma_m}{2\sigma_M}\right) - [1 + (q_1 f^*)^2] = 0 \tag{3-57}$$

式中 q_1，q_2——考虑空穴周围非均匀应力场和相邻空穴之间相互作用的修正系数。

f^* 为：

$$f^* = \begin{cases} f_R & f_R \leqslant f_c \\ f_c + \dfrac{f_u^* - f_c}{f_F - f_c}(f_R - f_c) & f_R > f_c \end{cases} \tag{3-58}$$

f_c 是 f 的一个临界值，当 f 达到 f_c 时，空穴开始聚合，随后材料的应力承载能力便迅速衰减。f_F 是应力承载能力完全丧失时的空穴体积率，此时 $f^* = f_u^*$。

M. Oyane 损伤模型：

对于密度不变化材料：

$$\int_0^{\varepsilon_{eqf}} \left(1 + \frac{\sigma_m}{A\sigma_{eq}}\right) d\varepsilon_{eq} = C \tag{3-59}$$

式中 ε_{eqf}——材料出现裂纹时该点的等效应变；

σ_m——该点的静水应力；

σ_{eq}——该点的等效应力（屈服应力）；

$d\varepsilon_{eq}$——该点的等效应变增量；

A，C——材料常数。

对于密度可变化材料：

$$\int_0^{\varepsilon_{eqf}} \left(1 + \frac{\sigma_m}{A\rho^n \sigma_{eq}}\right) d\varepsilon_{eq} = C\rho_0^B \tag{3-60}$$

式中 σ_{eq}——基体材料的屈服应力（等效应力）；

ρ——材料的相对密度；

n——材料常数。

另外，Cockroft、Latham 基于最大拉应力是导致材料破坏的主要因素建立了损伤模型。S. I. Oh 考虑等效应力影响对 Cockroft、Latham 模型进行了修改。Borrzo 则考虑静水应力影响对 Cockroft、Latham 模型进行了修改。Rice 则对理想塑性材料中孤立球形空穴在高三轴应力下的近似规律进行了描述。贾建军博士考虑应力三轴度对临界空穴体积率的影响建立了一个空穴型断裂判据。

3.3.3 方法评价

细观损伤力学方法是根据材料的细观成分（如基体、颗粒、空洞等）单独的力学行为和它们的相互作用来建立宏观的考虑损伤的本构关系，进而给出完整的损伤力学问题解法。这种方法的核心是建立细观模型，一个成功的细观模型必须抓住事物的物理本质，使损伤变量能够反映比较真实的几何图像，这样其损伤演化过程不再只是抽象的方程，而具有清晰的物理内涵。细观模型还可以考虑各类损伤形态和分布，研究它们的相互作用，预测它们的形成、发展和导致材料破坏的过程。损伤细观模型建立需将非均质的微细观材料简化过渡到均质的宏观材料，并直接从材料损伤的原因出发，将本构关系建立在对材料细观分析基础之上，其本构关系表达式里包含了描述空穴材料演化的损伤变量，直接反映材料的损伤情况。可以认为含空穴材料的本构关系是对宏观弹塑性力学本构关系的发展，当不考虑空穴体积变化对应力应变关系影响时，可简化为常规的弹塑性本构方程。

唯象的宏观方法是一种典型的场论方法，它的理论基础是宏观的连续介质力学和连续介质热力学，因此又称为连续介质损伤力学。它通过引进表征材料内部各类微细缺陷的损伤内变量，建立适当的损伤模型，在不可逆热力学公式和连续介质力学的均衡定律基础上导出损伤本构关系，用损伤广义力表征微细观缺陷对损伤的作用和影响，建立唯象的损伤演变方程，对材料的损伤进行描述和分析。这一方法虽然需要细观模型的启发，但并不需要直接从微细观机制导出宏观变量之间的理论关系式，而只要求所建立的模型以及所导出的理论与实际相符，因此用该方法来描述粉末材料成形过程中压坯的损伤状况存在一个很大的障碍，就是无法引入压坯内各点相对密度变化对材料损伤的影响。

因此，本书将基于细观损伤力学方法来建立粉末金属成形过程中裂纹出现的判据。

4　粉末金属成形过程密度分布不均匀引起缺陷的预测模型

4.1　引言

同致密体金属的情况一样，粉末金属成形过程密度分布不均匀引起缺陷预测模型研究核心是建立粉末体的屈服准则。粉末体的屈服准则是在一定的应力状态下，材料由弹性状态进入塑性状态的力学条件。

完全致密体的屈服可以用 Von Mises 屈服准则来描述，而粉末体则由大量颗粒材料和一定的孔隙组成。每一个颗粒均可视为完全致密体，其屈服行为的描述要考虑粉末体成形的几个特性：

(1) 粉末体在变形时的体积变化；

(2) 粉末体流动应力与相对密度有关系，相对密度越大，变形所需的应力就越大；

(3) 粉末体的屈服准则要考虑静水应力的影响；

(4) 粉末体的屈服准则要考虑粉末颗粒大小和制粉方式的影响。

4.2　粉末金属成形过程中密度分布不均匀引起的缺陷预测模型

4.2.1　现有主要模型

粉末金属成形过程可分为两个阶段，第一阶段以粉末体的位移和弹性变形为主，同时也发生少量局部的塑性变形。在这个阶段粉末体的流动应力较小。在第二阶段，随着粉末体密度增加，由于粉末颗粒之间的黏合和互锁，阻碍了颗粒间的相互滑移，粉末体致密化是以粉末颗粒大范围、均匀的塑性变形为主，这个阶段粉末压坯已经没有颗粒材料的成形特性，而与粉末烧结多孔材料更为相似。

基于粉末烧结多孔材料塑性理论建立的屈服准则主要考虑粉末成形的第二个阶段，而对第一个阶段有所忽视，这样就造成两个较大的缺陷。

其一为在粉末体处于较低密度区域，由于没有考虑颗粒材料的特性，模型的在低密度区域的准确性值得怀疑。而许多学者如 Doraivelu、Shima 等的实验验证数据采样均是在压坯相对密度大于 0.6 以上时进行的。

其二为屈服准则中没有考虑粉末颗粒度和粉末制取方法对粉末体硬化的影响。对于粉末烧结多孔材料成形而言，颗粒和颗粒已经熔合在一起，颗粒大小、形状及其分布对材料的硬化影响很小，而对于粉末金属成形时（尤其在低密度区域），粉末颗粒度和制粉方式对压坯的屈服则有着不容忽视的影响，图 4-1 所示为 S. J. Park 使用不同颗粒度和不同制粉方式所制造的铜粉，做的单向闭模压制实验数据分布。实验证明，颗粒度对所加载荷的影响

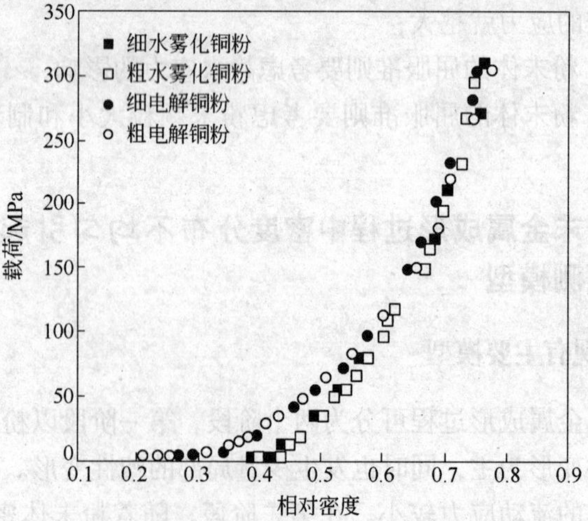

图 4-1 铜粉单向压制时载荷与相对密度的关系

大于制粉方式的影响，颗粒度不同材料硬化（或屈服应力）不同，这点在低密度区域尤其明显，这时计算模型如不考虑粉末颗粒度对材料硬化的影响，不可避免地会造成误差。

4.2.2 现有主要模型精度不够的解决方法

4.2.2.1 低密度情况下模型精度不够的解决方法

汪俊在研究了 Shima 屈服准则和众多实验数据后，提出了在获取从低密度到高密度压制实验中压坯的径向应力与轴向应力的比例关系的基础上，结合较高密度时压坯单向压缩条件，推导出屈服函数参数 A、B 的表达式。

实际上，推导思路为：

（1）由 Y. Morimoto 低密度闭模压制实验数据，拟合出低密度区域径向应力与轴向应力的比值 ξ_1 与压坯相对密度的关系式。

（2）由被广泛引用的 Shima 屈服准则、本构关系和实验数据求解高密度区域径向应力与轴向应力的比值的表达式 ξ_2 。

（3）在相对密度从低密度到高密度的全区域，重新拟合成新的 ξ 对压坯相对密度的表达式，得到从实验中获得的求解屈服函数参数的基本条件之一。

（4）在较高密度下的压坯单向压缩实验，推导出该应力状态下对屈服函数参数基本要求。得到求解屈服函数参数的基本条件之二。

（5）由以上两种条件求解出参数 A、B 的表达式。

为了得到屈服函数，首先由 Y. Morimoto 低密度闭模压制实验数据，拟合出低密度区域径向应力与轴向应力的比值 ξ_1 与压坯相对密度的关系式。

Y. Morimoto 实验拟合出的 ξ_1 与相对密度之间关系为

$$\xi_1 = 0.678R - 0.077 \tag{4-1}$$

将闭模压制时的应力、应变状态 $\sigma_2 = \sigma_3$ 及 $\dot{\varepsilon}_1 \gg \dot{\varepsilon}_2 =$

$\dot{\varepsilon}_3 = 0$ 代入屈服函数通式及其本构方程通式中：

$$\phi = AJ_2' + BJ_1^2 - \delta Y_0^2 = 0 \tag{4-2}$$

$$\sigma_{ij} = \frac{Y_R}{\dot{\varepsilon}}\left(\frac{2}{A}\dot{\varepsilon}_{ij}' + \frac{\delta_{ij}}{9B}\dot{\varepsilon}_{kk}\right) \tag{4-3}$$

可以求得：

$$\xi = \frac{\sigma_2}{\sigma_1} = \frac{-6B + A}{12B + A} \tag{4-4}$$

将闭模压制时的应力、应变状态代入到 Shima 屈服函数及其本构方程中，此时 $A = 3$；$B = \frac{1}{9f^2}$。可以求得高密度区域径向应力与轴向应力的比值的表达式：

$$\xi_2 = \frac{\sigma_2}{\sigma_1} = \frac{-2 + 9f^2}{4 + 9f^2} \tag{4-5}$$

式中，$f = \frac{1}{a(1-R)^m}$，对于电解法制的铜粉，作者给出 $a = 1.7$；$m = 0.246$（实验在添加硬脂酸锌润滑剂的情况下）。将实验数值代入式（4-5），可得：

$$\xi_2 = \frac{\sigma_2}{\sigma_1} = \frac{3.114 - 2(1-R)^{0.492}}{3.114 + 4(1-R)^{0.492}} \tag{4-6}$$

在低密度下取 ξ_1 的实验点，在高密度下取 ξ_2 的实验点，分界阈值为其各自的实验采样点的边界，这时，相对密度 $R = 0.55$。即低密度采样点区间为 0.35 ~ 0.55，高密度采样点区间为 0.55 ~ 1.0。在相对密度从低密度到高密度的全区域内，重新拟合新的径向应力与轴向应力的比值 ξ 对压坯相对密度的表达式，如图 4-2 所示。

对采样点进行拟合后获得新的 ξ 值与相对密度的关系式为：

$$\xi = (a + bR^f)^{-1/c} = (-26.22485 + 27.23437R^{-6.49349})^{-0.17442} \tag{4-7}$$

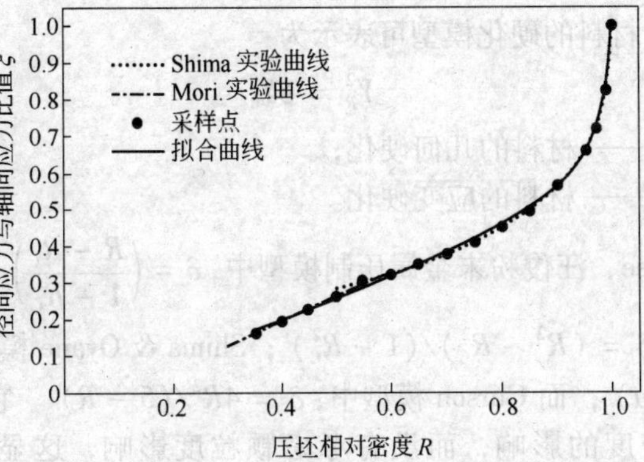

图 4-2 闭模压制时径向应力与轴向应力比值与压坯相对密度的关系（全密度下）

在较高密度下，以压坯单向压缩时的应力、应变状态 $\sigma_{11} = \sigma_{22} = 0$ 和 $\dot{\varepsilon}_{11} = \dot{\varepsilon}_{22}$ 代入粉末体屈服函数通式中：

$$\phi = AJ_2' + BJ_1^2 - \delta Y_0^2 = 0 \tag{4-8}$$

并考虑到单向压缩时，屈服时的单向应力等于粉末体屈服强度，

$$\sigma_{33} = Y_R = \sqrt{\delta} Y_0$$

则可求得屈服函数通式中 A、B 参数必须满足以下条件：

$$A = 3(1 - B) \tag{4-9}$$

将式（4-4）和式（4-9）代入塑性屈服函数通式（4-8）中，可得基于低密度到高密度全程实验参数的粉末体材料塑性屈服函数的表达式：

$$\frac{2 + 4\xi}{1 + \xi} J_2' + \frac{1 - \xi}{3(1 + \xi)} J_1^2 = Y_R^2 \tag{4-10}$$

式中，$\xi = (a + bR^f)^{-1/c} = (-26.22485 + 27.23437R^{-6.49349})^{-0.17442}$。

4.2.2.2 颗粒度和制粉方式引起模型精度不够的解决方法

由相对密度变化所引起的材料硬化称为几何硬化，而依赖基

体材料力学性能的硬化称为应变硬化。

粉末材料的硬化模型可表示为：

$$Y_R^2 = \delta Y_0^2 \tag{4-11}$$

式中 δ——材料的几何硬化；

Y_0——材料的应变硬化。

在 Lee、汪俊粉末金属压制模型中，$\delta = \left(\frac{R - R_C}{1 - R_C}\right)^2$；Doraivelu 模型中，$\delta = (R^2 - R_C^2)/(1 - R_C^2)$；Shima & Oyane 模型中，$\delta = R^2/(1 + \mu)$；而 Gurson 模型中，$\delta = 4R^2/(5 - R)$。它们仅包含了相对密度的影响，而没有考虑颗粒度影响，这显然是不合适的。

为了得到粉末金属材料的硬化模型，在此对 S. J. Park 单向闭模压制实验数据进行拟合，并对结果进行详细分析、整理，以得出新的硬化模型，进而得到粉末金属压制模型。

4.2.3 粉末金属成形过程中密度分布不均匀引起的缺陷预测模型

4.2.3.1 硬化模型

单向压制实验如图 4-3 所示。实验设备使用 Instron 拉压实验

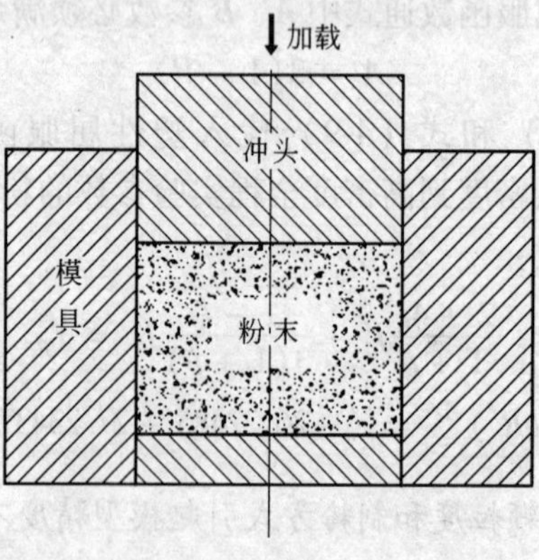

图 4-3 单向压制实验示意图

系统，压力范围为0~450MPa，钢模直径为15mm，压制中所使用粉末为Al_2O_3、ZrO_2、UO_2、电解法制取的粗粒铜粉、电解法制取的细粒铜粉、水雾化法制取的粗粒铜粉和水雾化法制取的细粒铜粉，Al_2O_3、ZrO_2、UO_2压制时冲头速度为2mm/min，电解法制取的粗粒铜粉、电解法制取的细粒铜粉、水雾化法制取的粗粒铜粉和水雾化法制取的细粒铜粉压制时冲头速度为1mm/min，粉末颗粒大小分布测定使用Malvern激光粒度测试仪。

经测定Al_2O_3、ZrO_2和UO_2的平均粒度分别为：52.06μm、56.25μm和21.09μm。它们的临界相对密度分别为：0.261、0.371和0.235。而电解法制取的粗粒铜粉、电解法制取的细粒铜粉、水雾化法制取的粗粒铜粉和水雾化法制取的细粒铜粉的有关特性数据见表4-1。

表4-1 铜粉的特性数据

项 目		水雾化法制取的细粒铜粉	水雾化法制取的粗粒铜粉	电解法制取的细粒铜粉	电解法制取的粗粒铜粉
松装相对密度		0.395	0.356	0.203	0.161
临界相对密度		0.449	0.427	0.239	0.240
粒度分布	140目		1.0		
	-140~+200目	1.4	20.8		0.7
	-200~+325目	23.3	34.1	1.4	32.2
	-325目	75.3	44.1	98.6	67.1

图4-4~图4-7分别显示Al_2O_3、ZrO_2、UO_2粉末和电解法制取的粗粒铜粉单向压制时屈服应力和相对密度之间的关系。Al_2O_3粉末压制时，在低密度阶段（相对密度小于4.0时），压制力增加非常缓慢，坯体屈服非常容易，这主要是由于Al_2O_3粉末搭桥、结块作用造成压坯中有较高的空隙含量，这时压制较易进行。ZrO_2粉末压制时，由于有较高的临界相对密度，压制力的增加比较稳定。而UO_2粉末和电解法制取的粗粒铜粉压制变

形数据则位于 Al_2O_3 和 ZrO_2 粉末之间。

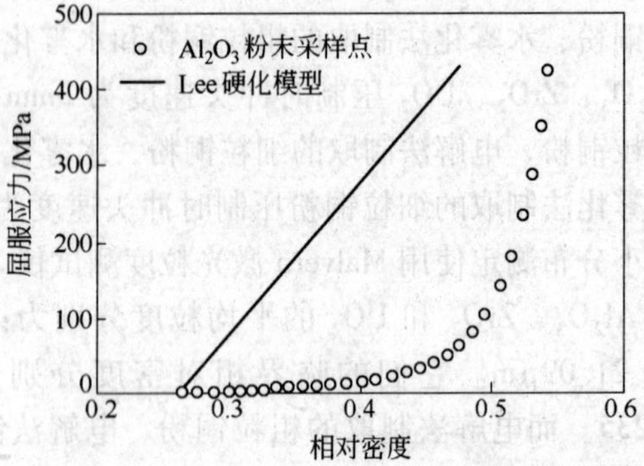

图 4-4　Al_2O_3 粉末单向压制时屈服应力与压坯相对密度的关系

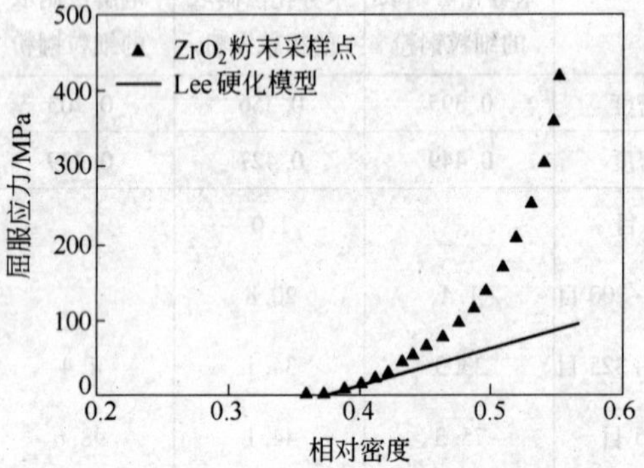

图 4-5　ZrO_2 粉末单向压制时屈服应力与压坯相对密度的关系

图 4-4 ~ 图 4-7 中的实线是 Lee、汪俊所使用的硬化模型，与实验数据相比较，很明显可以看出误差较大，而其他的硬化模型误差更大。为此，对实验数据重新进行拟合，以得到更为精确的硬化模型。

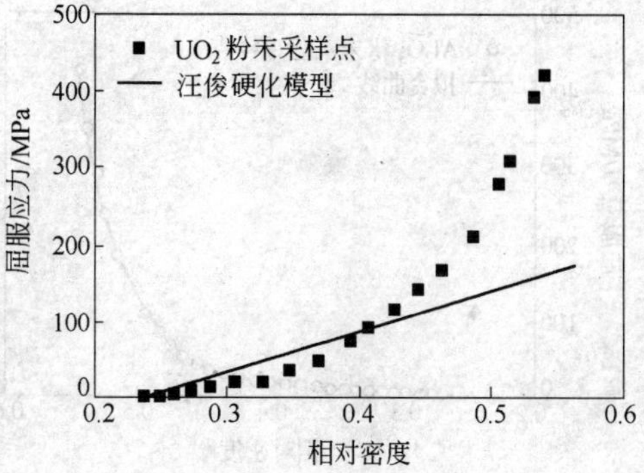

图 4-6 UO_2 粉末单向压制时屈服应力与压坯相对密度的关系

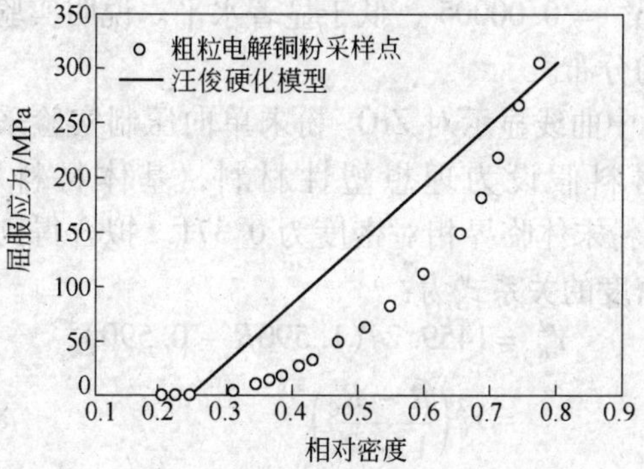

图 4-7 电解法制取的粗粒铜粉末单向压制时屈服应力与压坯相对密度的关系

图 4-8 中曲线显示对 Al_2O_3 粉末单向压制实验采点数据的拟合，基体材料假设为理想塑性材料，基体材料屈服应力为 583MPa，粉末体临界相对密度为 0.261。拟合得到屈服应力与压坯相对密度的关系式为：

$$
\begin{aligned}
Y_R^2 &= 339889(1.353R - 0.353)^{10.4} \\
&= Y_0^2\left(\frac{R - R_C}{1 - R_C}\right)^{10.4}
\end{aligned}
\qquad (4\text{-}12)
$$

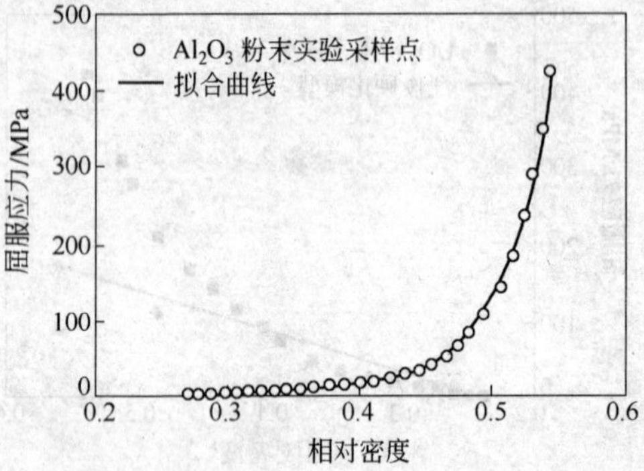

图 4-8 Al_2O_3 粉末单向压制实验数据拟合

经计算知，拟合曲线最大误差为 1.08%。采用皮尔逊准则进行检验，$\chi^2 = 0.00005$，低于显著水平。说明实验样本点服从拟合曲线的分布。

图 4-9 中曲线显示对 ZrO_2 粉末单向压制实验采点数据的拟合，基体材料假设为理想塑性材料，基体材料屈服应力为 38.2MPa，粉末体临界相对密度为 0.371。拟合得到屈服应力与压坯相对密度的关系式为：

$$Y_R^2 = 1459.24(1.590R - 0.590)^{3.8}$$
$$= Y_0^2\left(\frac{R - R_C}{1 - R_C}\right)^{3.8} \tag{4-13}$$

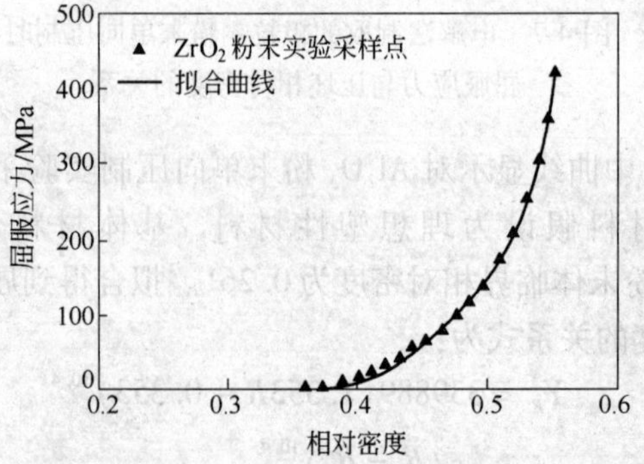

图 4-9 ZrO_2 粉末单向压制实验数据拟合

经计算知，拟合曲线最大误差为1.12%。采用皮尔逊准则进行检验，$\chi^2=0.00005$，低于显著水平。说明实验样本点服从拟合曲线的分布。

图4-10中曲线显示对UO_2粉末单向压制实验采点数据的拟合，基体材料假设为理想塑性材料，基体材料屈服应力为44.17MPa，粉末体临界相对密度为0.235。拟合得到屈服应力与压坯相对密度的关系式为：

$$Y_R^2=1950.99(1.307R-0.307)^{5.19}$$

$$=Y_0^2\left(\frac{R-R_C}{1-R_C}\right)^{5.19} \tag{4-14}$$

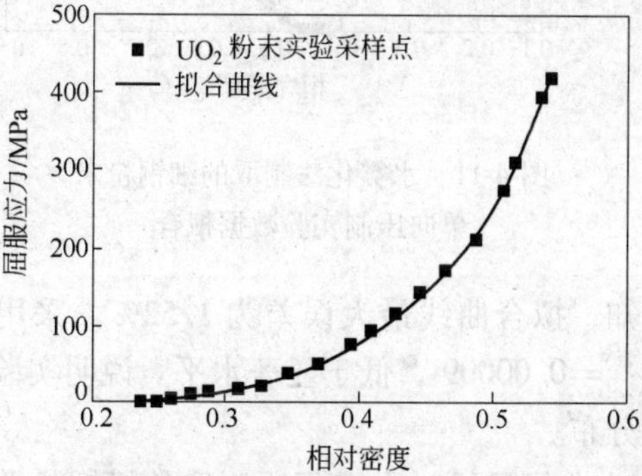

图4-10 UO_2粉末单向压制实验数据拟合

经计算知，拟合曲线最大误差为1.48%。采用皮尔逊准则进行检验，$\chi^2=0.00007$，低于显著水平。说明实验样本点服从拟合曲线的分布。

图4-11中曲线显示对水雾化法制取的细铜粉单向压制实验采点数据的拟合，基体材料假设为理想塑性材料，基体材料屈服应力为538.7MPa，粉末体临界相对密度为0.449。拟合得到屈服应力与压坯相对密度的关系式为：

$$Y_R^2 = 290197.69(1.815R - 0.815)^{2.026}$$
$$= Y_0^2\left(\frac{R - R_C}{1 - R_C}\right)^{2.026} \tag{4-15}$$

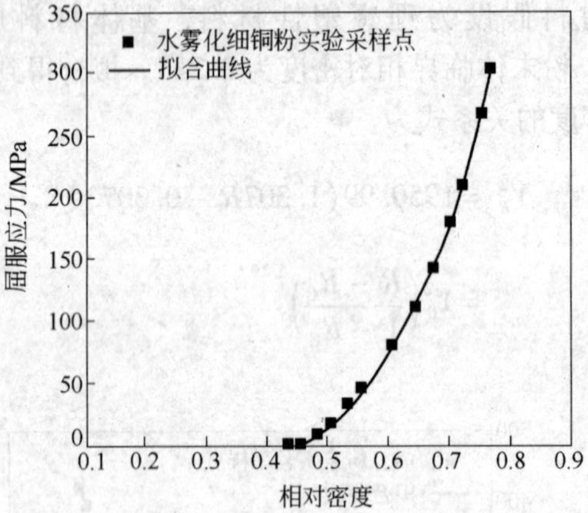

图 4-11　水雾化法制取的细铜粉末单向压制实验数据拟合

经计算知，拟合曲线最大误差为 1.52%。采用皮尔逊准则进行检验，$\chi^2 = 0.00009$，低于显著水平。说明实验样本点服从拟合曲线的分布。

图 4-12 中曲线显示对水雾化法制取的粗铜粉单向压制实验采点数据的拟合，基体材料假设为理想塑性材料，基体材料屈服应力为 538.7MPa，粉末体临界相对密度为 0.427。拟合得到屈服应力与压坯相对密度的关系式为：

$$Y_R^2 = 290197.69(1.745R - 0.745)^{2.148}$$
$$= Y_0^2\left(\frac{R - R_C}{1 - R_C}\right)^{2.148} \tag{4-16}$$

经计算知，拟合曲线最大误差为 1.36%。采用皮尔逊准则进行检验，$\chi^2 = 0.00006$，低于显著水平。说明实验样本点服从

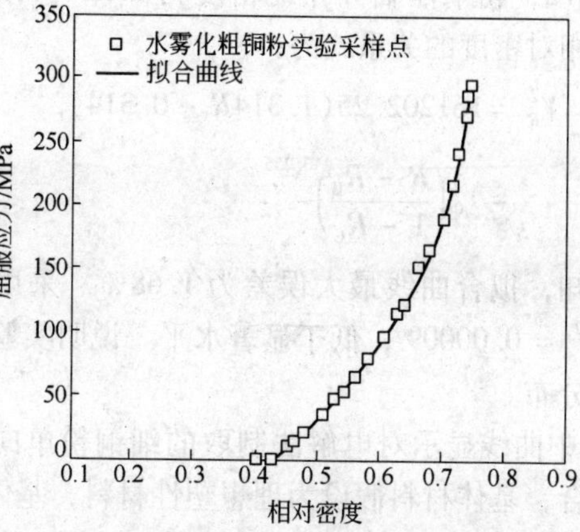

图 4-12 水雾化法制取的粗铜粉末单向压制实验数据拟合

拟合曲线的分布。

图 4-13 中曲线显示对电解法制取的细铜粉单向压制实验采点数据的拟合，基体材料假设为理想塑性材料，基体材料屈服应

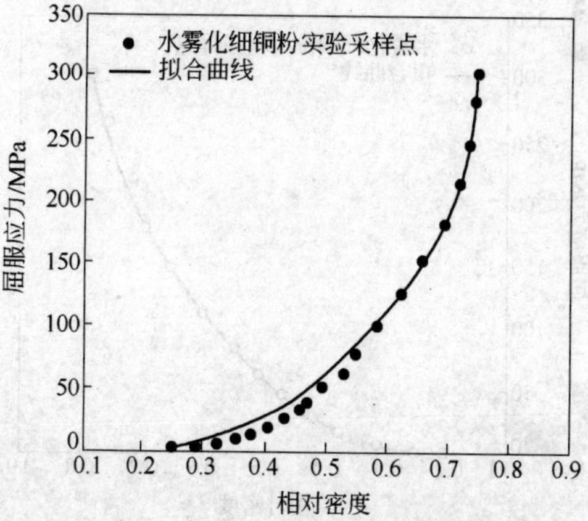

图 4-13 电解法制取的细铜粉末单向压制实验数据拟合

力为401.5MPa，粉末体临界相对密度为0.239。拟合得到屈服应力与压坯相对密度的关系式为：

$$Y_R^2 = 161202.25(1.314R - 0.314)^{3.255} = Y_0^2\left(\frac{R - R_C}{1 - R_C}\right)^{3.255} \tag{4-17}$$

经计算知，拟合曲线最大误差为1.68%。采用皮尔逊准则进行检验，$\chi^2 = 0.00009$，低于显著水平。说明实验样本点服从拟合曲线的分布。

图4-14中曲线显示对电解法制取的细铜粉单向压制实验采点数据的拟合，基体材料假设为理想塑性材料，基体材料屈服应力为401.5MPa，粉末体临界相对密度为0.239。拟合得到屈服应力与压坯相对密度的关系式为：

$$Y_R^2 = 161202.25(1.316R - 0.316)^{3.464} = Y_0^2\left(\frac{R - R_C}{1 - R_C}\right)^{3.464} \tag{4-18}$$

经计算知，拟合曲线最大误差为1.32%。采用皮尔逊准则

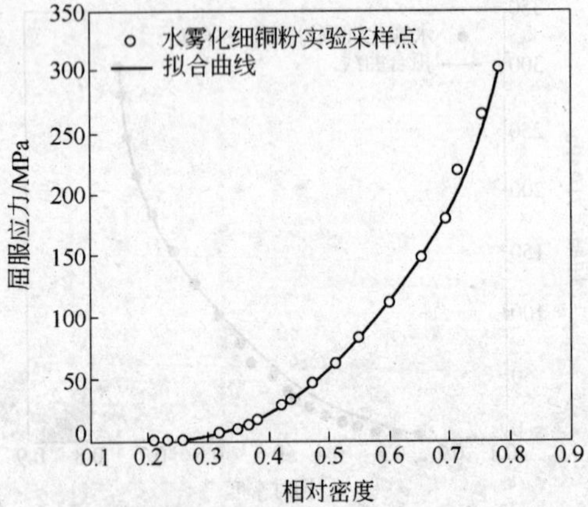

图4-14 电解法制取的细铜粉末单向压制实验数据拟合

进行检验，$\chi^2 = 0.00006$，低于显著水平。说明实验样本点服从拟合曲线的分布。

由拟合得到屈服应力与压坯相对密度的关系式（式4-12～式4-18），可以得出，不同的粉末屈服应力与压坯相对密度的关系式不同。而同一种粉末，颗粒度和制粉方式不同，屈服应力与压坯相对密度的关系式也不同。但是它们可以使用一个通用的式子来表达，即：

$$Y_R^2 = Y_0^2\left(\frac{R - R_C}{1 - R_C}\right)^m \tag{4-19}$$

式中 Y_0^2 ——应变硬化项；

$\left(\frac{R - R_C}{1 - R_C}\right)^m$ ——几何硬化项，m 代表了颗粒度和制粉方式对材料硬化的影响，称为非线性几何硬化指数，m 可由实验获得。

基体材料为理想塑性材料时，Y_0 为常数；基体材料为强化材料时：

$$Y_0 = K\bar{\varepsilon}_0^n \tag{4-20}$$

式中 K——材料强度参数；

n——应变硬化指数；

$\bar{\varepsilon}_0$ ——不可压缩基体材料中积累的塑性应变。

式（4-19）和式（4-20）为新粉末金属材料硬化模型，利用新粉末金属材料硬化模型可对现有的粉末金属压制模型进行修正，并建立新粉末金属压制模型。

4.2.3.2 粉末金属成形过程中密度分布不均匀引起的缺陷预测模型

将粉末金属材料硬化新模型，即式（4-19）和式（4-20）代入式（4-10），就得到了粉末金属成形过程中密度分布不均匀引起缺陷新预测模型：

$$\frac{2+4\xi}{1+\xi}J_2' + \frac{1-\xi}{3(1+\xi)}J_1^2 = Y_0^2\left(\frac{R-R_C}{1-R_C}\right)^m \tag{4-21}$$

式中，$\xi = (a + bR^f)^{-1/c} = (-26.22485 + 27.23437R^{-6.49349})^{-0.17442}$。

如果考虑基体材料的硬化，粉末金属成形过程中密度分布不均匀引起缺陷新预测模型为：

$$\frac{2+4\xi}{1+\xi}J_2' + \frac{1-\xi}{3(1+\xi)}J_1^2 = K^2\bar{\varepsilon}_0^{-2n}\left(\frac{R-R_C}{1-R_C}\right)^m \tag{4-22}$$

式中，$\xi = (a + bR^f)^{-1/c} = (-26.22485 + 27.23437R^{-6.49349})^{-0.17442}$。

4.3 粉末金属成形过程中密度分布不均匀引起的缺陷预测模型的验证和评价

粉末金属成形过程中密度不均匀引起缺陷预测研究的目的是为了找出压制过程中各种参数与压坯密度的定量关系并依此预测成形过程中密度不均匀引起的缺陷，优化生产工艺，指导工业生产，从而生产出密度分布符合要求的坯体。因此，将新模型计算出的成形过程各阶段每个点上密度值与实验值进行比较，同时，使用 Gethin、Doraivelu 等的实验数据对新模型进行验证并与其他模型进行比较，以评价新模型更为全面、可信。因此，通过：

（1）使用新模型计算出的压坯成形压力行程曲线和使用其他模型计算值及与实验结果进行比较；

（2）使用新模型计算出的简单形状压坯密度分布与实验结果进行比较；

（3）使用新模型计算出的复杂形状压坯密度分布与实验结果比较。

最后对新模型进行评价。

4.3.1 使用新模型和其他模型的计算结果及与实验结果的比较

比较1：

为了对新模型进行评价，将使用新模型和其他模型的计算结果与实验获取的压力行程曲线进行比较。为了尽可能减少几何因素和摩擦因素的影响，取计算对象为简单圆环衬套压坯进行单向压制实验铁铜混合粉，冲头速度为1mm/s，在压制过程中使用硬脂酸锌润滑剂，这样可近似不考虑摩擦的影响。

铁铜混合粉化学成分见表4-2。

表4-2 铁铜混合粉的主要化学成分

成　分	SC100	铜粉	硬脂酸锌
比例/%	97	2	1

注：铁粉为电解法制造，SC100为Hoganas海绵铁，颗粒尺寸小于200μm；铜粉为水雾化制造，颗粒尺寸小于150μm。

对于铁铜混合粉，实验采用圆环体压坯，初始相对密度0.403，初始高度20.0mm，终了相对密度0.817（平均），终了高度9.87mm。实验压力行程曲线与计算结果如图4-15所示。

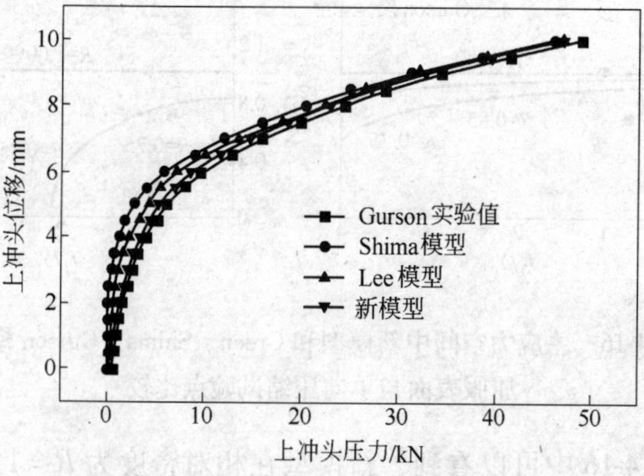

图4-15 新模型与其他模型计算出的压坯成形压力行程曲线与实验压力行程曲线比较

从图4-15中可以看出，新模型与实验结果吻合较好，特别是在低密度下，比经典模型（Shima、Lee模型）有较理想的改进，而在高密度区域，其精度与其他模型基本相同。其原因在于新模型参数考虑了材料低密度下的实验结果的影响，尤其是材料低密度下颗粒度和制粉方式的影响。

比较 2：

将材料参数代入屈服方程及 Green、Shima 和 Gurson 屈服准则，当压坯相对密度 R 分别取 1.0，0.85，0.75 时，在 $(J_2')^{0.5}/Y_0 \sim J_1/Y_0$ 应力空间获得现有几种主要经典模型和新模型的屈服表面的形状如图 4-16 所示。

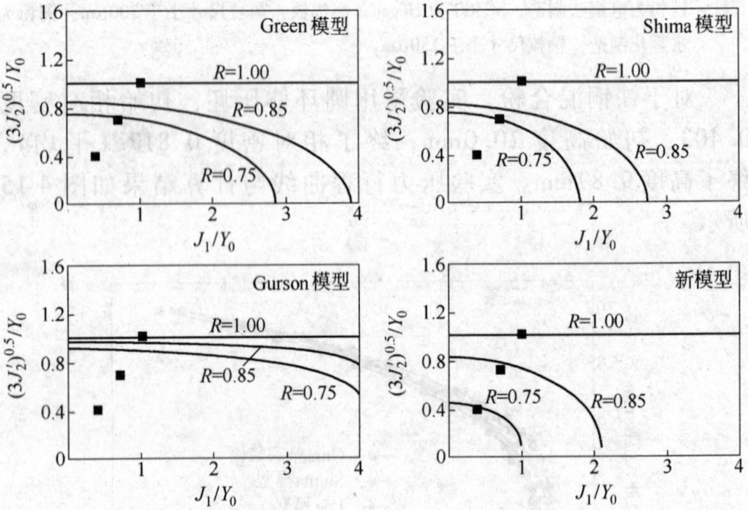

图 4-16 主应力空间中新模型和 Green、Shima、Gurson 模型屈服表面与单向压缩试验点比较

从图 4-16 中可以看到，新模型在相对密度为 $R=1$ 时，与其他模型一样，具有同样较高精度；相对密度 $R=0.75$ 时，新模型比其他模型的精度高；相对密度 $R=0.85$ 时，新模型的误差稍大，基本与 Shima 模型相近，而比其他模型误差要小。出现这种情况的原因仍在于新模型参数考虑了材料低密度下的实验结果，尤其是考虑了颗粒度和制粉方式的影响。密度分布实验如图 4-17 所示。

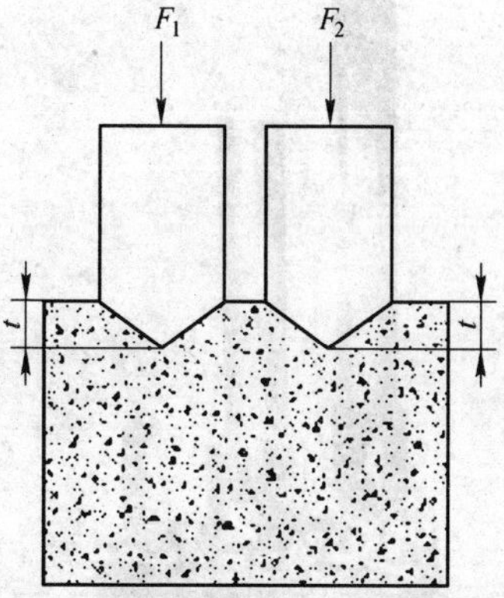

图 4-17 密度分布实验示意图

4.3.2 密度分布实验

4.3.2.1 密度分布实验方案

A 密度分布实验

密度分布实验具体步骤是：

（1）使用碳还原铁粉（待测压坯材料相同）标准试块（密度均匀，密度不均匀时还要将标准试块切块用标准密度测试法测出其相对密度），测出相对密度分别为 5.6kg/m³、5.85kg/m³、6.1kg/m³、6.35kg/m³、6.6kg/m³ 等时压头在压入 t 时的压力 F。

（2）画出压力 F 与相对密度 ρ 的关系图，并回归出方程 $F=f(\rho)$ 或 $\rho=f^{-1}(F)$。

（3）用该装置在待测压坯同样压入 t，测出各点的所需压力，并用 $\rho=f^{-1}(F)$ 算出各点的相对密度。

其中关键技术是：

找出 F 与相对密度 ρ 的关系，得出方程 $F=f(\rho)$。

为此，专门定制了一台实验机（SZL-200 数显专用拉压实验机），见图 4-18。并设计了一套专用夹具如图 4-19 所示。

图 4-18 SZL-200 数显专用拉压实验机

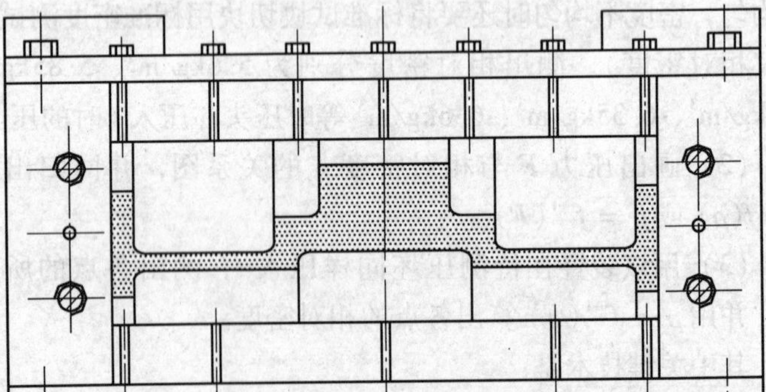

图 4-19 粉末金属压制试验专用夹具

B 标准平均密度测试

采用GB 5163—1985（可渗性烧结金属材料密度的测定）所使用的浸泡介质法。

它的原理是：它是将待测坯体切割为小试块（该方法测出的是小试块的平均密度），试样经清洗干燥后，在空气中称重。然后进行防水处理，即用适当的液体进行浸渍，再次于空气中和水中称重。可由试样在水中称重体积的减少求出其体积，密度即可计算出来。

实验步骤：

（1）将待测坯体切割为小试块。

（2）在空气中称量经清洗、干燥后的试块。

（3）将小试块浸入到(65 ±5)℃的热油中，一直到不再有气泡出现，冷却到室温后，从油中取出试块，沥干，用有吸油能力的纸或布擦掉表面过量的油并小心避免吸出孔内的油。

（4）用细尼龙丝吊挂经浸油处理的试块，先在空气中称量，后在水中称量。

（5）用下面公式计算出试样密度：

$$\rho = \frac{m_2\rho_0}{m_4 - m_4'} \tag{4-23}$$

式中 ρ——试块密度，g/cm^3；

ρ_0——实验温度下水的密度，g/cm^3；

m_2——干燥（不含油）试样在空气中称量的质量，g；

m_4——浸油试块在空气中称量的总质量（包括细尼龙丝质量在内），g；

m_4'——浸油试块在水中称量的总质量（包括细尼龙丝质量在内），g。

4.3.2.2 实验数据处理

实验使用的标准试件形状为圆环形，材料使用工业用碳还原铁粉，润滑剂采用硬脂酸锌，在TAMAGAWA的T-MS-200型压机上（图4-20）压制，每分钟压制6件。

图4-20 金属粉末成形压机

试件分为5组，第一组密度分布见表4-3。

表4-3 第一组试件密度分布

序 号	1号	2号	3号	4号	5号	6号	7号	8号	9号	10号
密度 /kg·cm^{-3}	5.603	5.603	5.598	5.596	5.602	5.606	5.598	5.594	5.602	5.602

第二组密度分布见表4-4。

表4-4 第二组试件密度分布

序 号	11号	12号	13号	14号	15号	16号	17号	18号	19号	20号
密度 /kg·cm^{-3}	5.856	5.849	5.846	5.852	5.847	5.851	5.857	5.840	5.859	5.838

第三组密度分布见表4-5。

表4-5 第三组试件密度分布

序 号	21号	22号	23号	24号	25号	26号	27号	28号	29号	30号
密度/$kg\cdot cm^{-3}$	6.103	6.098	6.095	6.102	6.099	6.103	6.100	6.102	6.096	6.101

第四组密度分布见表4-6。

表4-6 第四组试件密度分布

序 号	31号	32号	33号	34号	35号	36号	37号	38号	39号	40号
密度/$kg\cdot cm^{-3}$	6.349	6.344	6.353	6.346	6.346	6.352	6.357	6.355	6.358	6.346

第五组密度分布见表4-7。

表4-7 第五组试件密度分布

序 号	41号	42号	43号	44号	45号	46号	47号	48号	49号	50号
密度/$kg\cdot cm^{-3}$	6.607	6.593	6.611	6.602	6.589	6.608	6.601	6.592	6.590	6.606

第一组试件平均密度为5.600kg/cm^3，第二组试件平均密度为5.850kg/cm^3，第三组试件平均密度为6.090kg/cm^3，第四组试件平均密度为6.351kg/cm^3，第五组试件平均密度为6.600kg/cm^3。使用图4-17和图4-18所示的试验装置，在压头压入量t为0.52mm时，第一组试件需用的压力见表4-8。

表4-8 第一组试件压力测试数据

序 号	1号	2号	3号	4号	5号	6号	7号	8号	9号	10号
压力/N	49.01	49.88	47.75	47.30	47.50	48.00	54.80	50.80	47.61	48.05

第一组试件需用的平均压力为49.07N。

压头压入量t为0.52mm时，第二组试件需用的压力见表4-9。

表 4-9 第二组试件压力测试数据

序 号	11 号	12 号	13 号	14 号	15 号	16 号	17 号	18 号	19 号	20 号
压力/N	61.43	61.29	60.65	61.49	61.05	61.41	64.43	59.45	63.83	57.57

第二组试件需用的平均压力为 61.36N。

压头压入量 t 为 0.52mm 时，第三组试件需用的压力见表 4-10。

表 4-10 第三组试件压力测试数据

序 号	21 号	22 号	23 号	24 号	25 号	26 号	27 号	28 号	29 号	30 号
压力/N	86.33	71.55	63.35	81.70	74.10	82.60	74.80	76.30	66.45	75.80

第三组试件需用的平均压力为 75.30N。

压头压入量 t 为 0.52mm 时，第四组试件需用的压力见表 4-11。

表 4-11 第四组试件压力测试数据

序 号	31 号	32 号	33 号	34 号	35 号	36 号	37 号	38 号	39 号	40 号
压力/N	90.78	87.58	93.62	89.00	88.94	94.25	95.60	95.01	96.06	87.96

第四组试件需用的平均压力为 91.88N。

压头压入量 t 为 0.52mm 时，第五组试件需用的压力见表 4-12。

表 4-12 第五组试件压力测试数据

序 号	41 号	42 号	43 号	44 号	45 号	46 号	47 号	48 号	49 号	50 号
压力/N	114.40	112.80	115.40	113.60	111.70	114.80	113.25	112.80	112.50	113.75

第五组试件需用的平均压力为 113.50N。

对实验数据进行拟合，如图 4-21 所示。

拟合得到压坯密度和压头压力之间关系式为：

$$\rho = 4.32207 + 0.03059F - (9.2707 \times F^2)/100000 \quad (4\text{-}24)$$

式中 ρ——压坯的密度，kg/m^3；

F——压头压力，N。

拟合结果检验见表 4-13。

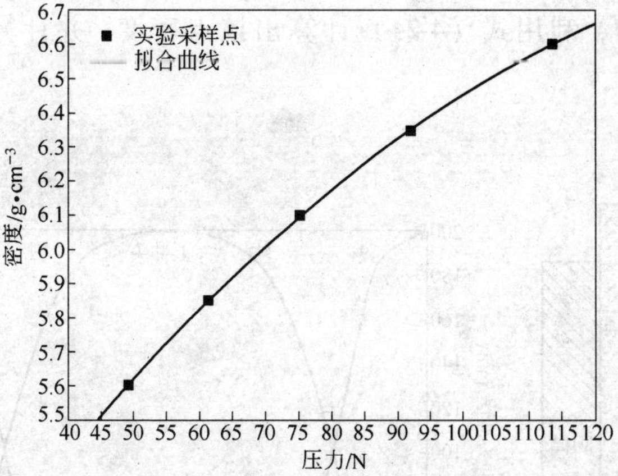

图 4-21 压力和密度之间关系

表 4-13 拟合检验结果

R-Square（COD）	SD	N	P
1	0	3	<0.0001

精度符合要求。

这样，利用图 4-18 和图 4-19 所示装置，即可测出与标准试件同样材料的粉末金属压坯各点密度。具体步骤是：测出压头在压坯某点处压下 0.52mm 时所需压力，利用式（4-24）即可计算出该点密度。

4.3.3 简单形状压坯模拟及与实验比较

4.3.3.1 压坯密度测定及模拟计算条件

简单形状压坯主要为圆柱体压坯双向压制（见图 4-22）。压坯密度测定前，先将坯体待测密度表面（测试坯体内部密度则将坯体切割开，并将待测表面进行打磨），均匀划上格线。使用图 4-18 和图 4-19 所示装置，测出在格线交点上压下 0.52mm 时所需压力，利用式（4-24）计算出该点密度，并计算出相对密度。

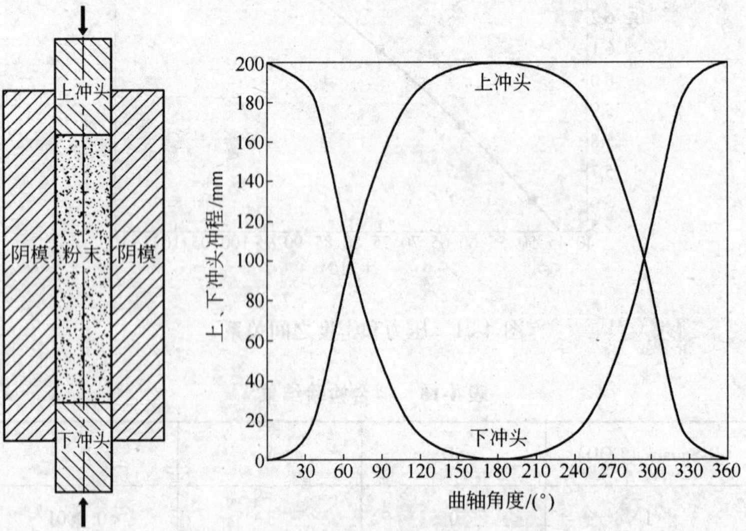

图 4-22 压制过程和冲头运动曲线

圆柱体压坯形状和网格见图 4-23(a)，由于对称性，横向和高度方向均取其一半进行分析（整个坯体的八分之一）图 4-23(b)，图 4-23(c) 为纵向切面。压制过程单步进行，冲头运动曲线见图 5-9，冲头速度为 0.847mm/min，摩擦系数为 0.2，初始相对密度为 0.39（均匀），压制步长为压坯高度的 0.645%，直到压坯高度减少 51.4%，此时的相对密度为 0.806（平均）。此时坯体高度为 157.48mm；直径为 50.8mm。

(a) (b) (c)

图 4-23 有限元分析模型和网格
（a）圆柱体压坯；（b）有限元计算模型；（c）分析时选取的切面

4.3.3.2 压坯成形数值模拟及与实验结果比较

图 4-24 所示为压坯成形数值模拟结果，图中显示了双向压制过程几个步长的密度分布情况。从图中可以看出：由图可知，在与模冲相接触的压坯上层，密度是从中心向边缘逐步增大的，顶部的边缘部分密度最大，在压坯的纵向层中，随着远离模冲沿着压坯高度密度逐渐降低，但是，在靠近模壁的层中，由于外摩擦的作用，轴向压力的降低比压坯中心大得多，以致在压坯中部的边缘密度比中心的低。因此，压坯中部密度分布状态与模冲接触层相反。密度最低处在压坯的中部，密度最高处在压坯靠近冲头的外侧，越远离冲头密度越低。随压制的进行，密度不断接近致密。

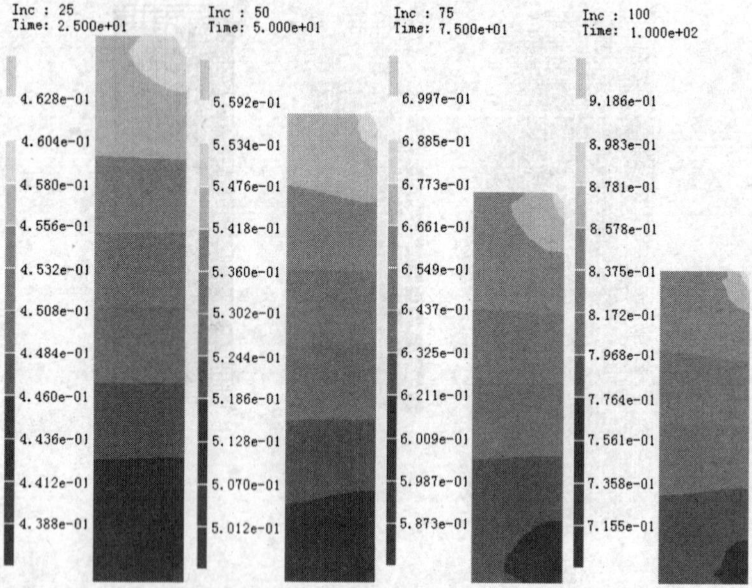

图 4-24 圆柱体压坯双向压制时相对密度分布
（压缩量分别为装粉高度的 12.85%，25.7%，38.55%，51.4%）

图 4-25 所示为压坯相对密度分布仿真结果与实验结果的比较。比较显示，相对密度分布的仿真结果与实验结果十分相符。说明新模型一在描述简单形状压坯的压制过程时具有足够的精度。

图 4-26 所示为高径比为 0.42 时，利用新模型对压坯相对密度分布仿真结果和 Hwang 利用其模型仿真结果及其实验结果的比较，初始装粉高径比为 0.9。图 4-27 所示为高径比为 0.79 时，利用新模型对压坯相对密度分布仿真结果和 Hwang 利用其模型仿真结果及其实验结果的比较，初始装粉高径比为 1.6。图 4-28 为高径比为 1.66 时，利用新模型对压坯相对密度分布仿真结果和 Hwang 利用其模型仿真结果及其实验结果的比较，初始装粉高径比为 3.1。仿真时，初始相对密度均为 0.39，摩擦系数为 0.2。仿真显示，随着高

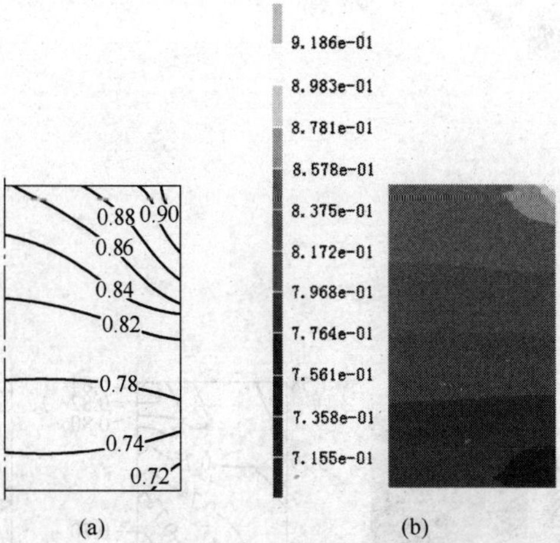

图 4-25　相对密度计算结果与实验结果比较

（a）实验结果；（b）计算结果

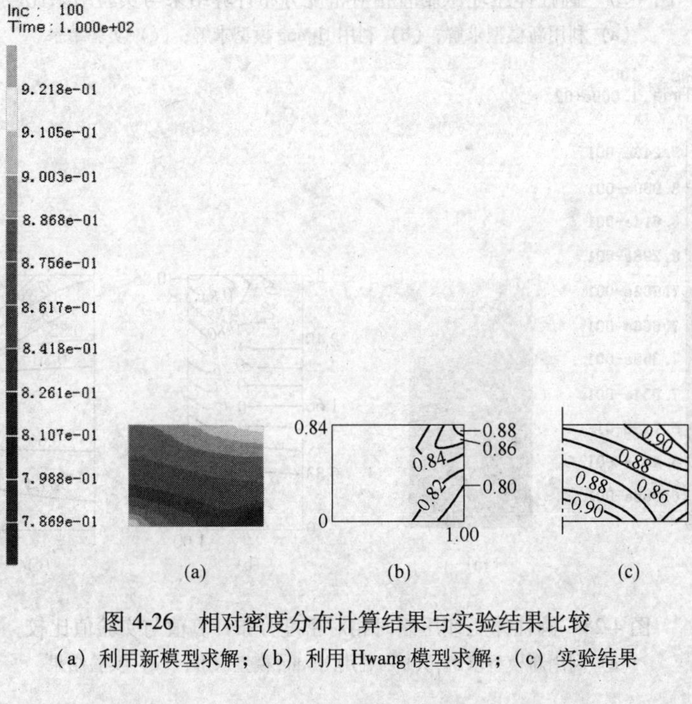

图 4-26　相对密度分布计算结果与实验结果比较

（a）利用新模型求解；（b）利用 Hwang 模型求解；（c）实验结果

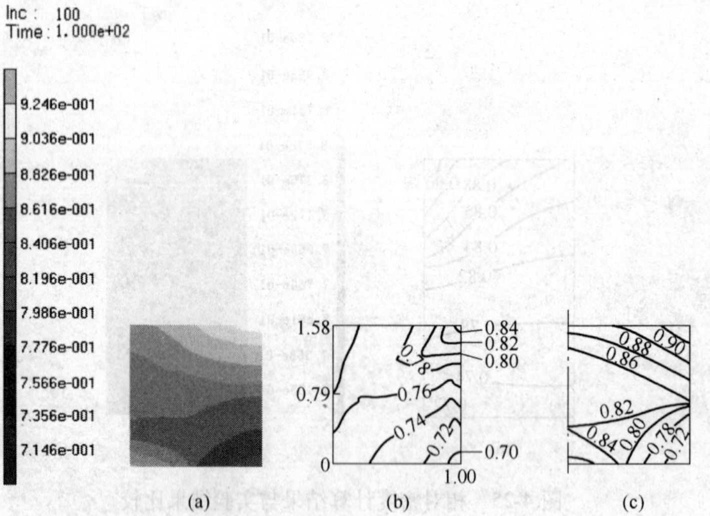

图 4-27 圆柱体压坯压制时相对密度分布计算结果与实验结果比较

（a）利用新模型求解；（b）利用 Hwang 模型求解；（c）实验结果

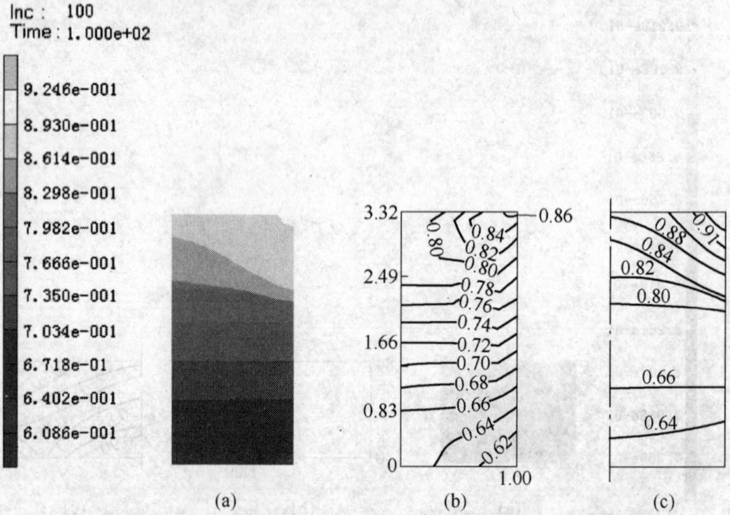

图 4-28 圆柱体压坯压制时相对密度分布计算值与实验值比较

（a）利用新模型求解；（b）利用 Hwang 模型求解；（c）实验结果

径比加大,压坯相对密度分布的不均匀程度增加。比较显示,利用新模型进行模拟的相对密度分布与实验结果更加接近。说明新模型一在描述简单形状压坯的压制过程时具有足够的精度。

4.3.4 复杂形状压坯成形数值模拟及与实验结果比较

本文选择的模拟对象为油泵转子和导向器。

4.3.4.1 油泵转子压坯成形数值模拟及与实验结果比较

图 4-29 所示为油泵转子和线框模型，模拟计算条件为：零

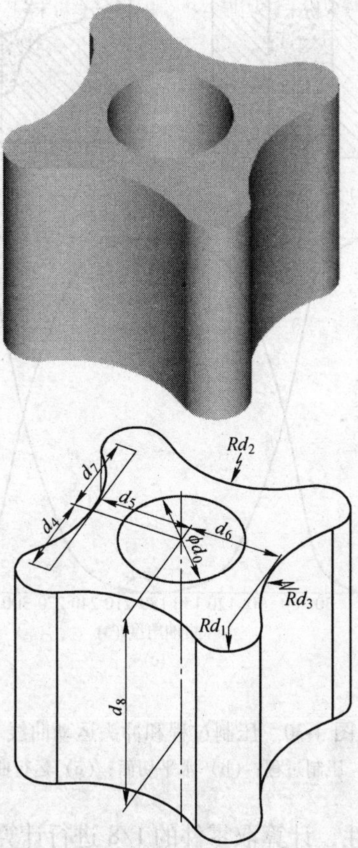

图 4-29 油泵转子和线框模型

件几何信息，零件高度 $d_8=30$mm，充填高度为60mm；中孔直径 $\phi d_0=17$mm；零件其他尺寸 $d_4=d_5=d_6=d_7=12.8$mm；$Rd_1=3.6$mm，$Rd_2=26$mm。压制采用双向压制见图4-30(a)，上下两个冲头速度为0.15mm/s，冲头运行曲线见图4-30(c)。

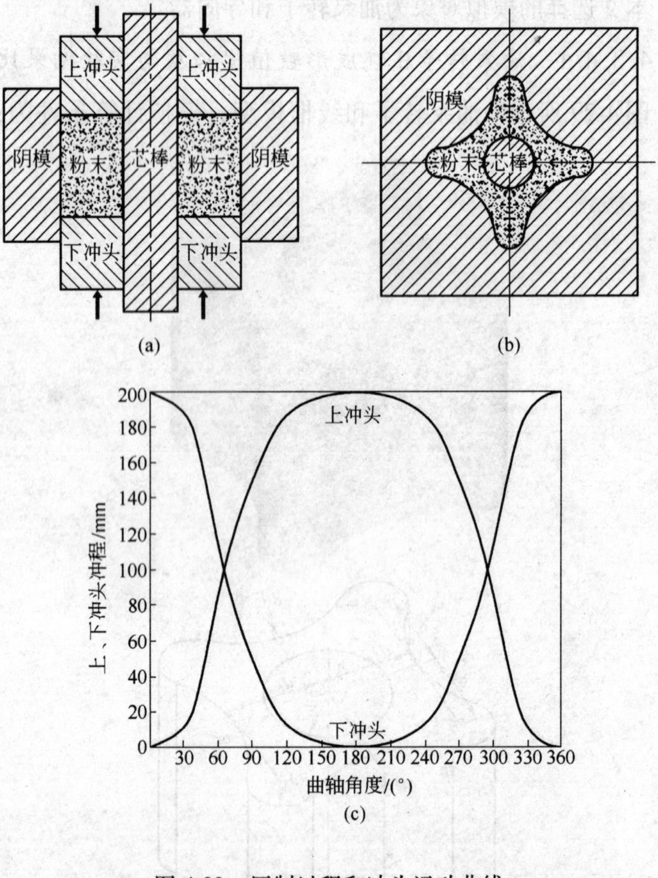

图4-30 压制过程和冲头运动曲线

(a) 压制过程；(b) 水平切面；(c) 运行曲线

考虑到对称性，计算取零件的1/8进行计算，有限元网格划分见图4-31(a)，并取 -45°和 -90°切面上密度分布，见图4-31

(b)和图 4-31(c)，进行研究。

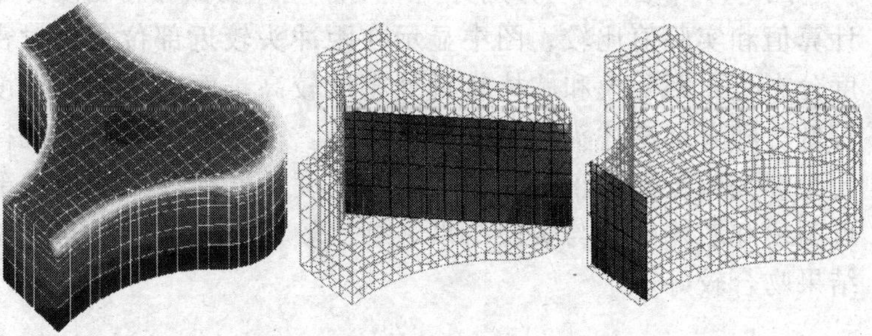

(a)　　(b)　　(c)

图 4-31　有限元离散模型和－45°和－90°处切面

（a）有限元离散模型；（b）－45°切面；（c）－90°切面

图 4-32 所示为压制结束瞬间相对密度与平均应力分布（数值模拟结果），从图中可以看出：密度最低处在压坯的中部，密度最高在压坯靠近冲头并与阴模或芯棒接近部位，越远离冲头密度越低。图 4-32 还显示双向压制时压坯的平均应力分布，平均应力的分布与相对密度的分布情况相似，这说明粉末的致密化主

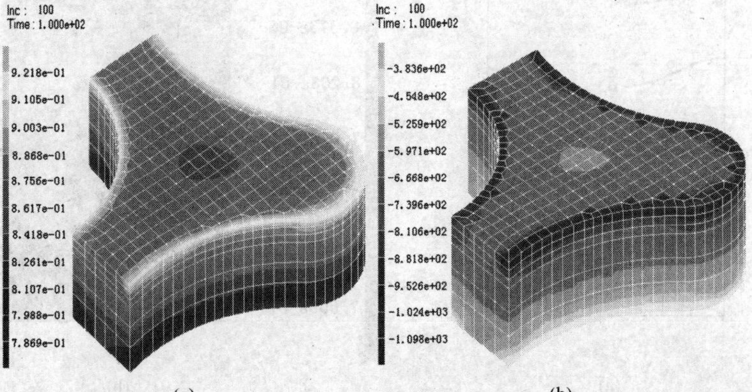

(a)　　(b)

图 4-32　相对密度和平均应力分布

（a）相对密度；（b）平均应力

要依赖于平均应力，特别是压坯在低密度的时候。

图4-33和图4-34分别为－90°和－45°切面相对密度分布计算值和实验值比较，图中显示在距冲头较近部位，相对密度分布是：距阴模和芯棒较近处密度较高，而中间部位密度较低。随着远离冲头，密度逐渐降低。在压坯中部分布规律与距冲头较近部位正好相反。压坯密度最低处在压坯的中部近阴模和芯棒处。与实验结果进行比较证明模拟结果与实验结果吻合较好。

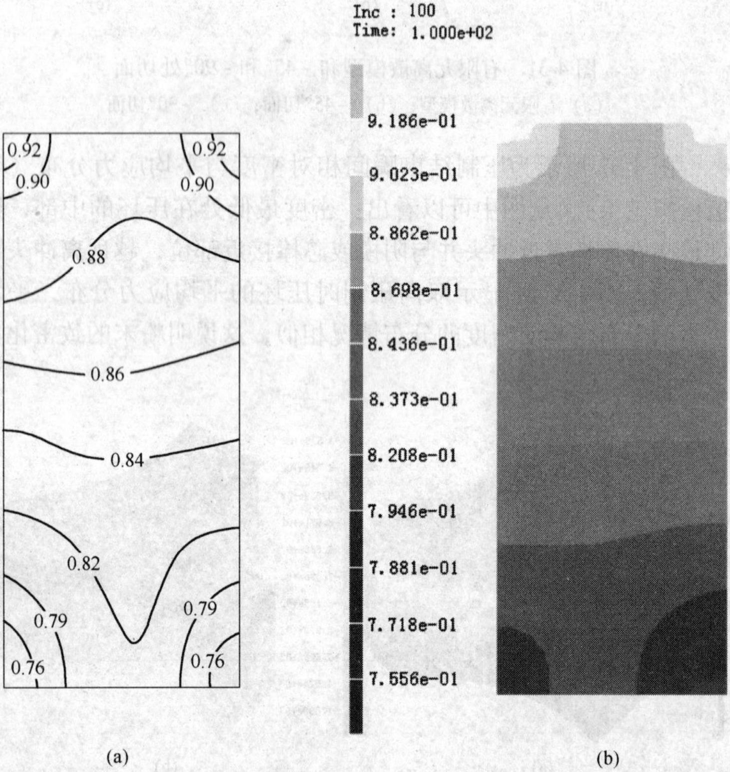

图4-33 －90°切面相对密度分布计算结果和实验结果比较

(a) 实验结果；(b) 计算结果

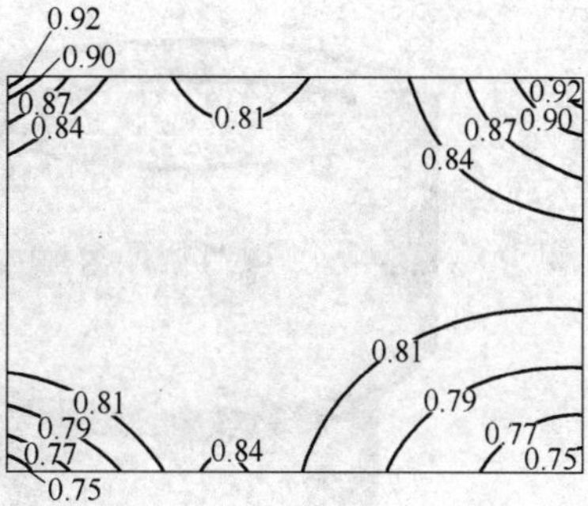

(a)

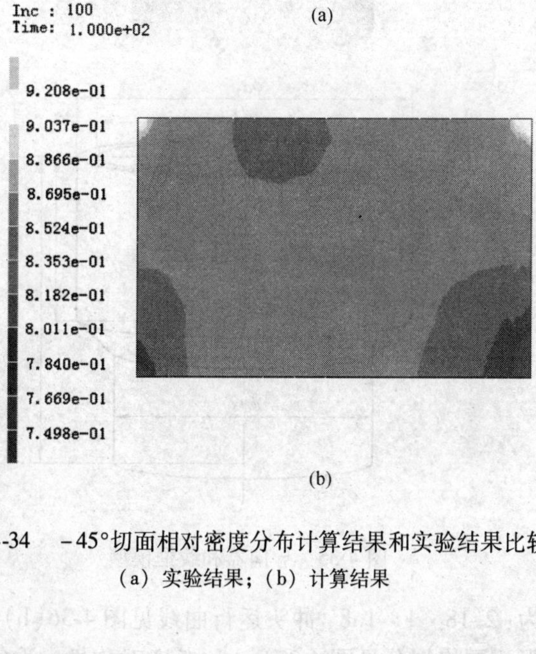

(b)

图 4-34 -45°切面相对密度分布计算结果和实验结果比较

（a）实验结果；（b）计算结果

4.3.4.2 导向器压坯成形数值模拟及与实验结果比较

进一步分析更复杂的导向器，图 4-35 所示为导向器实体和线框模型，模拟计算条件为：零件几何信息，$d_0 = 3.8$mm，$d_1 = 18$mm，$d_2 = 10$mm，$d_3 = 2.8$mm，$d_4 = 1.2$mm，$d_5 = 28$mm，$d_6 = 6$mm，$d_7 = 8$mm，$d_8 = 1.3$mm，$d_9 = 2.2$mm，$d_{10} = 1.6$mm，$d_{11} = 9.8$mm。压制采用三冲头双向压制，见图 4-36(a)，3 个冲头压

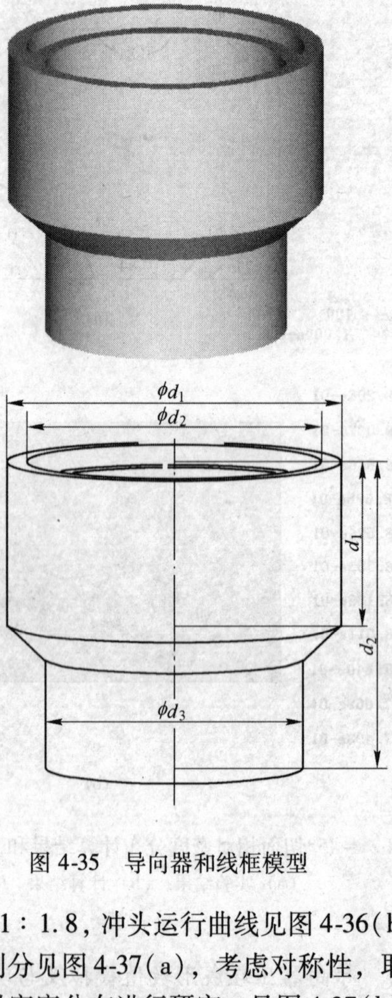

图 4-35 导向器和线框模型

制速比为:2.18∶1∶1.8,冲头运行曲线见图 4-36(b)。

有限元网格划分见图 4-37(a),考虑对称性,取零件的纵向截面上粉末的相对密度分布进行研究,见图 4-37(b)。

图 4-38 所示为相对密度分布计算值和实验值比较,图中显示在接近冲头部位相对密度较高,而随着远离冲头,密度逐渐降低。压坯下部相对密度梯度比上部大,压坯密度最低处在压坯的中部偏下部位。实验结果证明模拟结果与实验结果较为相符,说明运用新模型描述该类零件压制过程具有较高的精度。

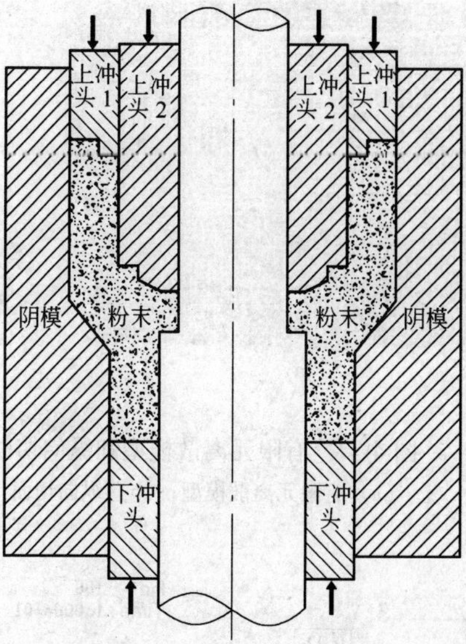

(a)

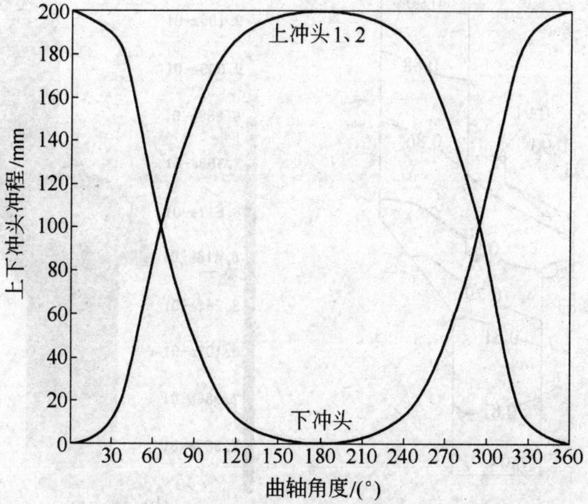

(b)

图 4-36　压制过程和冲头运行曲线

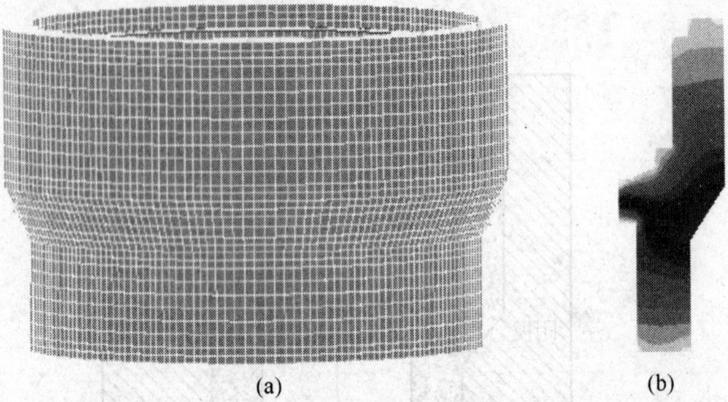

图 4-37　有限元离散模型和纵向切面
（a）有限元离散模型；（b）纵向切面

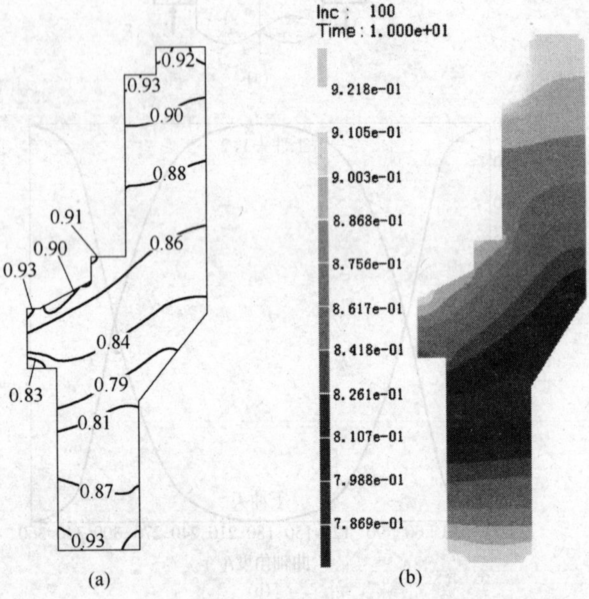

图 4-38　相对密度分布计算结果和实验结果比较
（a）实验结果；（b）计算结果

5 粉末金属成形过程的损伤与裂纹预测模型

5.1 金属粉末成形的损伤现象

由于冶炼过程不能除尽材料中所含杂质，制粉过程和储存期间金属颗粒可能发生化学变化，同时由于成形时加入的润滑剂、成形剂及颗粒之间的空气，使粉末体颗粒可看成是多相混合体。这些夹杂、气孔不仅各自的成分和力学行为不同，它们和基体的结合程度也有很大的差异。压制时，粉末中含有的杂质、颗粒的化学变化、润滑剂过多或分布不均匀和气孔的存在都可阻止颗粒之间的正常黏合，在这些部位形成较小的连接力甚至不黏合，不黏合处形成初始空穴，随着载荷加大，部分初始空穴逐渐缩小黏合，但一直处在较大有效塑性应变和三轴应力场作用下的空穴，随着载荷和变形程度的加大，空穴逐渐长大并与附近空穴聚合，最终形成宏观裂纹，实际上，这种裂纹面上的粉末颗粒之间自始至终都没有黏合。对于压制过程中已黏合粉末体，压制粉末体的强度取决于粉末颗粒之间的联结力，而粉末颗粒之间的联结力一般分为两种：

（1）粉末颗粒之间的机械啮合力；

（2）粉末颗粒表面原子之间的引力。

对于金属粉末来说，机械啮合力是使粉末体具有强度的主要联结力。由于存在杂质、颗粒的化学变化、润滑剂过多或分布不均匀和气孔作用，在这些部位形成较小的连接力，当受载达到一定程度时，空穴重新在这些强度较弱部位形核，随着载荷和变形程度的增加，新的空穴分阶段依次在粉末体强度较弱处形核，空穴一旦形核便随变形程度的增加而长大。空穴的形核与长大过程就是粉末体材料受削弱的过程，空穴处不仅使局部承载面积减少，而且造成了强烈的非均匀应力场，使得该区域内颗粒之间的结合更易遭到破坏，甚至引起颗粒晶体中位错运动、增殖，从而引发更多空穴形核，空穴一旦形核，即在增加的有效塑性应变和三轴应力场作用下不断扩张，直至聚合成宏观裂纹。

5.2 基于细观处理的韧性损伤准则

在粉末成形过程中，金属粉末由分散的颗粒到致密的压坯。由于内摩擦力和外摩擦力的作用，压制时粉末体呈柱状流动，造成坯体密度分布不均匀，随着压制进行，由于局部拉应力、横向剪应力或两种应力共同作用力过大，造成颗粒的不黏合或当作用力达到粉末颗粒之间的联结强度（该强度由粉末颗粒之间的联结力决定）时，坯体开裂，形成裂纹。在坯体脱模阶段，由于约束解除过程中各部分膨胀不同，造成局部张力超过其强度极限，形成回弹裂纹。

对于金属粉末成形过程，影响裂纹产生的两个最重要因素是：一是密度分布不均匀并且随着成形过程的进行各点密度是变化的；二是应力三轴度的影响。并且粉末材料在形成有效裂纹之前，已经产生明显的塑性变形，所以应将其看作韧性破坏。目前预测这类裂纹产生和扩展主要采用基于细观处理的损伤力学方法来进行。

基于细观处理研究材料的损伤是根据材料的微观成分（如基体、颗粒、空洞等）单独的力学行为和它们的相互作用来建立宏观的本构关系和研究韧性破坏。Mcclintock 首先利用圆柱和椭圆形空洞，在远场拉应力和轴向拉应力作用下，求得了孔径变化和应力三轴度的解析解。Gurson 分析了带有空洞的单元（见图 5-1）的力学行为，提出了描述多孔体材料的弹塑性流动势方程如下。

Gurson 流动势方程：

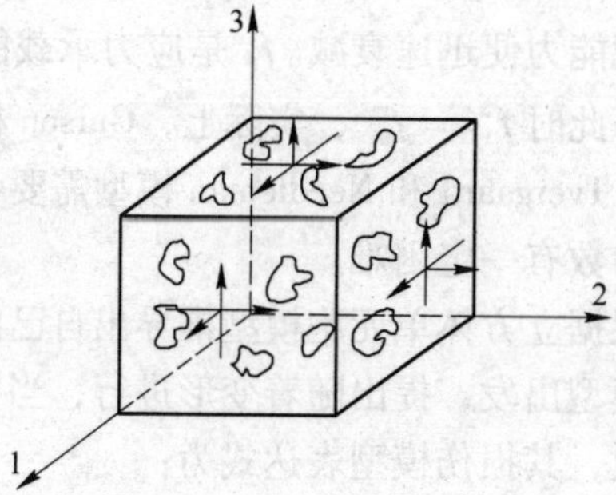

图 5-1 Gurson 损伤单元

$$\phi = \frac{\sigma_e^2}{\sigma_M^2} + 2f\cosh\left(\frac{\sigma_m}{2\sigma_M}\right) - (1 + f^2) = 0 \tag{5-1}$$

式中 σ_e——空穴材料流动应力；

σ_M——基体材料流动应力；

f——空穴体积率。

Gurson 认为 f（空穴体积率）达到 100% 时，材料单元完全丧失承载能力。但实际材料失效时 f 达不到 100%。为此 Tvergaard 和 Needleman 考虑空穴周围的非均匀应力场和相邻空穴间相互影响而引入参数 p_1、p_2，对 Gurson 的多孔体材料的弹塑性流动势方程进行修改，并用 f^* 来代替 f，其中 f^* 为 f 的函数，建立了如下模型：

Tvergaard 和 Needleman 流动势方程：

$$\phi = \frac{\sigma_e^2}{\sigma_M^2} + 2q_1 f^* \cosh\left(\frac{3q_2\sigma_m}{2\sigma_M}\right) - [1 + (q_1 f^*)^2] = 0 \tag{5-2}$$

这里，q_1、q_2 为考虑空穴周围非均匀应力场和相邻空穴之间相互作用的修正系数，而 f^* 为：

$$f^* = \begin{cases} f_R & f_R \leqslant f_c \\ f_c + \dfrac{f_u^* - f_c}{f_F - f_c}(f_R - f_c) & f_R > f_c \end{cases} \tag{5-3}$$

f_c 是 f 的一个临界值，当 f 达到 f_c 时，空穴开始聚合，随后材料的应力承载能力便迅速衰减。f_F 是应力承载能力完全丧失时的空穴体积率，此时 $f^* = f_u^*$，实际上，Gurson 模型没有考虑空隙之间的影响，Tvergaard 和 Needleman 模型需要参数过多，实际计算获取这些参数有一定困难。

M. Oyane 根据立方体单元胞模型推导出自己的多孔体压制模型，并从压制模型出发，提出随着变形进行，当空穴密度达到一个值时材料失效，其损伤模型表达式为：

M. Oyane 损伤模型：

对于密度不变化材料：

$$\int_0^{\varepsilon_{eqf}} \left(1 + \frac{\sigma_m}{A\sigma_{eq}}\right) d\varepsilon_{eq} = C \tag{5-4}$$

式中 ε_{eqf}——材料出现裂纹时该点的等效应变；

σ_m——该点的静水应力；

σ_{eq}——该点的等效应力（屈服应力）；

$d\varepsilon_{eq}$——该点的等效应变增量；

A，C——材料常数。

对于密度可变化材料：

$$\int_0^{\varepsilon_{eqf}} \left(1 + \frac{\sigma_m}{A\rho^n \sigma_{eq}}\right) d\varepsilon_{eq} = C\rho_c^B \tag{5-5}$$

式中 σ_{eq}——基体材料的屈服应力（等效应力）；

ρ——材料的相对密度；

n——材料常数；

ρ_c——屈服应力为零时材料的相对密度；

B——材料常数。

但由于 M. Oyane 损伤模型是基于 M. Oyane 多孔材料压制模型推导出来，而如前所述该模型存在在低密度阶段有一定误差，这个缺陷同样存在于 M. Oyane 损伤模型。

另外，Rice 则对理想塑性材料中孤立球形空穴在高三轴应力下的近似规律进行了描述。贾建军博士考虑应力三轴度对临界空穴体积率的影响建立了一个空穴型断裂判据。但它们主要是基于致密材料推导而出，没有考虑相对密度变化的影响。

5.3 基于金属粉末成形数学模型的韧性损伤准则建立

5.3.1 韧性损伤准则建立的难点

与理想塑性材料压制相比，金属粉末压制有以下特点，也是研究的难点：

（1）粉末金属成形机理复杂，目前尚没有一个公认的、精确的模型描述粉末的致密化行为。

（2）粉末是可压缩材料，它具有应变硬化和加工硬化的特性，随着压制的进行，压坯密度逐渐增加，粉末的硬化也加强，韧性损伤准则建立必须考虑压坯的应变硬化和几何硬化。

（3）因为是可压缩材料，所以压缩过程中材料的屈服和材质劣化不仅与应力偏张量有关，而且与静水应力有关。

（4）粉体材料具有摩擦特性，材料的内摩擦和外摩擦是造成粉体柱状流动和密度分布不均匀的重要原因，也是造成材料损伤的重要原因。

（5）加工中压坯一般会压到原来高度的40%～60%，压坯密度变化较大，损伤还必须考虑材料密度变化的影响。

（6）冲头压力解除后，坯体会发生回弹，这也是造成压坯损伤的一个重要原因。

正是由于以上特点，给予金属粉末压制过程缺陷预测带来很大困难。

5.3.2 金属粉末成形裂纹形成能量阈值

与致密材料成形不同，粉末金属闭模压制是由分散的颗粒形成有一定形状和强度的压坯。这为压坯成形过程中裂纹产生判断带来了较大困难。有人在粉末金属压制过程中裂纹预测时，主要考虑压制最后阶段产生的裂纹为有效裂纹，实际上是默认压坯存在一个相对密度值 ρ_c，只有相对密度超过 ρ_c 时才为有效裂纹，它的理论实质上是粉末体首先要黏合，然后才会产生有效裂纹。实际上有些裂纹并不需要经过粉末黏合过程即可形成并对坯体的最终质量产生影响。因此，本文认为单位体积塑性功或能量吸收比能达到一定值 w_c 才会产生有效裂纹更为合理。为此，本文提出影响最终压坯产生裂纹的能量条件。

$$\int_0^{\varepsilon_{eqf}} \sigma_{eq} \mathrm{d}\varepsilon_{eq} \geqslant w_c \tag{5-6}$$

5.3.3 基于金属粉末成形数学模型的韧性损伤准则

第 4 章推导出金属粉末压制模型为：

$$\frac{2+4\xi}{1+\xi}J_2' + \frac{1-\xi}{3(1+\xi)}J_1^2 = Y_0^2\left(\frac{\rho-\rho_c}{1-\rho_c}\right)^k \tag{5-7}$$

式中 J_2'——应力偏量第二应力不变量；

J_1——第一应力不变量。

$$\xi = (a + b\rho^f)^{-1/c}$$
$$= (-26.22485 + 27.23437R^{-6.49349})^{-0.17442} \tag{5-8}$$

考虑金属粉末材料拉压不对称后，式（5-7）由主应力可表示为：

$$\left\{\frac{1}{2}[(\sigma_1-\sigma_2)^2 + (\sigma_2-\sigma_3)^2 + (\sigma_3-\sigma_1)^2] + \left(\frac{\sigma_m + e}{f}\right)^2\right\}^{1/2}$$
$$= Y_R = \eta^{\frac{1}{2}} Y_0 \tag{5-9}$$

式中 σ_1，σ_2，σ_3——主应力；

e——拉压不对称系数；

f，η——相对密度的函数。

$$f = a(1-\rho)^{-m} \tag{5-10}$$

式中 a，m——由实验得出的常数。

$$\eta = [(\rho - \rho_c)/(1 - \rho_c)]^k \tag{5-11}$$

令：

$$g = \frac{1}{\eta^{\frac{1}{2}}} \times \left\{ \frac{1}{2} \times [(\sigma_1 - \sigma_2)^2 + (\sigma_2 - \sigma_3)^2 + (\sigma_3 - \sigma_1)^2] + \left(\frac{\sigma_m + e}{f} \right)^2 \right\}^{1/2} - Y_0 \tag{5-12}$$

$$\begin{cases} d\varepsilon_1 = d\lambda' \dfrac{\partial g}{\partial \sigma_1} = d\lambda[\sigma_1 - (1 - 2/9f^2)\sigma_m] \\ d\varepsilon_2 = d\lambda' \dfrac{\partial g}{\partial \sigma_2} = d\lambda[\sigma_2 - (1 - 2/9f^2)\sigma_m] \\ d\varepsilon_3 = d\lambda' \dfrac{\partial g}{\partial \sigma_3} = d\lambda[\sigma_3 - (1 - 2/9f^2)\sigma_m] \end{cases} \tag{5-13}$$

$$\begin{aligned} d\varepsilon_v &= d\varepsilon_1 + d\varepsilon_2 + d\varepsilon_3 = - d\rho/\rho \\ &= 2d\lambda(\sigma_m + e)/3f^2 \end{aligned} \tag{5-14}$$

式中，$d\lambda$ 为比例系数。

在基体材料中对应的等效应力在单位体积粉体材料内所做的功为：

$$dW = \sigma_1 d\varepsilon_1 + \sigma_2 d\varepsilon_2 + d\varepsilon_3 = \rho \, \overline{\sigma}_{eq} d \, \overline{\varepsilon}_{eq} \tag{5-15}$$

将式（5-12）代入式（5-14），可得到：

$$d\lambda = \frac{3\rho d \, \overline{\varepsilon}_{eq}}{2\eta \, \overline{\sigma}_{eq}} \tag{5-16}$$

联立式（5-8）、式（5-10）、式（5-13）、式（5-15）消去 σ_1、σ_2、σ_3，得到：

$$d \, \overline{\varepsilon}_{eq} = \frac{\eta^{\frac{1}{2}}}{\rho} \left\{ \frac{2}{9} [(d\varepsilon_1 - d\varepsilon_2)^2 + (d\varepsilon_2 - d\varepsilon_3)^2 + (d\varepsilon_3 - d\varepsilon_1)^2 + (f d\varepsilon_v)^2] \right\}^{1/2} \tag{5-17}$$

$$d\varepsilon_v = -d\rho/\rho = \frac{\rho(\sigma_m + e)\,d\,\overline{\varepsilon}_{eq}}{\eta f^2\,\overline{\sigma}_{eq}} = \frac{\rho(1-\rho_c)^k(\sigma_m + e)\,d\,\overline{\varepsilon}_{eq}}{(\rho-\rho_c)^k f^2\,\overline{\sigma}_{eq}} \tag{5-18}$$

将式（5-18）改写为：

$$d\varepsilon_v = \frac{\rho(1-\rho_c)^k(\sigma_m + e)\,d\,\overline{\varepsilon}_{eq}}{(\rho-\rho_c)^k f^2\,\overline{\sigma}_{eq}} = \frac{\rho(1-\rho_c)^k}{(\rho-\rho_c)^k f^2}\left(\frac{\sigma_m}{\overline{\sigma}_{eq}} + A\right)d\,\overline{\varepsilon}_{eq} \tag{5-19}$$

其中
$$A = \frac{e}{\overline{\sigma}_{eq}}$$

将式（5-19）在等号两边积分得：

$$\int_0^{\varepsilon_{eqf}} \frac{\rho(1-\rho_c)^k}{(\rho-\rho_c)^k f^2}\left(\frac{\sigma_m}{\overline{\sigma}_{eq}} + A\right)d\,\overline{\varepsilon}_{eq} = \int_{\varepsilon_{v0}}^{\varepsilon_{vf}} d\varepsilon_v \tag{5-20}$$

假设空穴密度积累到一个临界值时，材料出现裂纹，这样，对于同一种材料，式（5-20）右面为常量，而$f = a(1-\rho)^{-m}$，因此式（5-20）可改写为：

$$\int_0^{\varepsilon_{eqf}} \frac{\rho(1-\rho_c)^k}{(\rho-\rho_c)^k f^2}\left(\frac{\sigma_m}{\overline{\sigma}_{eq}} + A\right)d\,\overline{\varepsilon}_{eq} = \int_0^{\varepsilon_{eqf}} \frac{\rho(1-\rho_c)^k(1-\rho)^{2m}}{a^2(\rho-\rho_c)^k}\left(\frac{\sigma_m}{\overline{\sigma}_{eq}} + A\right)d\,\overline{\varepsilon}_{eq} = C_1 \tag{5-21}$$

将常数a、C_1合并，得：

$$\int_0^{\varepsilon_{eqf}} \frac{\rho(1-\rho_c)^k(1-\rho)^{2m}}{(\rho-\rho_c)^k}\left(\frac{\sigma_m}{\overline{\sigma}_{eq}} + A\right)d\,\overline{\varepsilon}_{eq} = C \tag{5-22}$$

式中，m、A、C为常数，可由实验获得。

式（5-22）为新空体材料韧性损伤模型，使用时如将积分表达式定义为变量C_1，通过有限元分析计算出节点上的相对密度ρ、静水压力σ_m和等效应力$\overline{\sigma}_{eq}$，然后可由各加载步计算结果的累加获得积分表达式值C_1，并以C_1度量材料的损伤程度，当某

节点 $C_1>C$ 时，该点出现裂纹。这样通过有限元分析可以跟踪整个加载过程中所有节点材料的材质劣化和损伤状况。

5.4 损伤准则的实验验证

实验圆柱形压坯镦粗压制实验。压缩试样见图 5-2。由于尚未烧结的压坯强度较低，因此，致密体压制时自由表面出现鼓状变形状态，在粉末材料生坯压制时基本不会明显出现。即：在尚未明显出现鼓形时，自由表面已出现裂纹，但裂纹却一般从压坯中部起裂，鉴于以上情况，在试样测量时，先在试样自由表面中部作标距为 3mm 的细线，见图 5-3，通过测量试样变形前后两标

(a) (b)

图 5-2 压缩试样

（a）未变形试样；（b）表面出现裂纹的试样

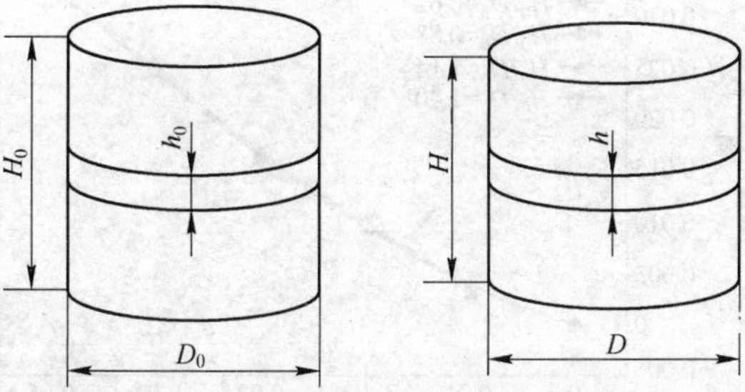

(a) (b)

图 5-3 试样表面应变测量

（a）未变形试样；（b）变形后的试样

距线间的距离和试样的直径，得到变形后试样的轴向和周向应变分别为：$\varepsilon_z = \ln(h/h_0)$ 和 $\varepsilon_\theta = \ln(D/D_0)$ 。试样表面的裂纹由裸眼、放大镜和磁粉探伤进行观测和检验。

实验材料使用还原铁粉，压坯相对密度分别取 0.89、0.85、0.79、0.75 和 0.69；高径比分别取 0.62、0.88、1.14 和 1.40。

图 5-4 给出了相同高径比 $H_0/D_0=0.88$，不同相对密度压坯 $\rho_0=0.89$、$\rho_0=0.85$、$\rho_0=0.79$、$\rho_0=0.75$ 和 $\rho_0=0.69$ 时，试样表面上轴向应变与周向应变的关系。而图 5-5 给出了相同相对密

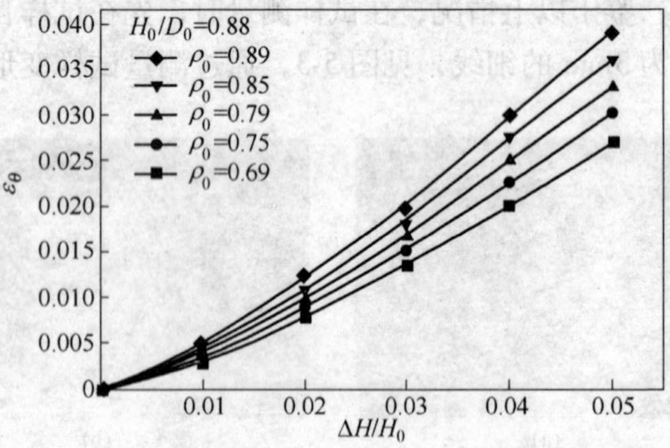

图 5-4 试样表面“赤道”上轴向应变与周向应变的关系

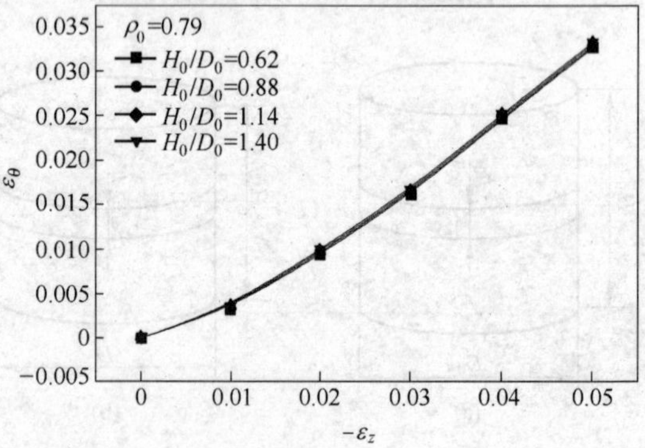

图 5-5 试样表面“赤道”上轴向应变与周向应变的关系

度 $\rho_0 = 0.79$，不同高径比 $H_0/D_0 = 0.62$、$H_0/D_0 = 0.88$、$H_0/D_0 = 1.14$ 和 $H_0/D_0 = 1.40$ 时，试样表面上轴向应变与周向应变的关系。利用以上的测量结果和粉末金属屈服准则可以计算得到等效应变 ε_{eq} 和周向应力 σ_θ 和轴向应力 σ_z。

图 5-6 ~ 图 5-14 显示了不同高径比和相对密度压坯的应变轨迹所对应的应力轨迹曲线，从图中可以看出，随着变形的增加，

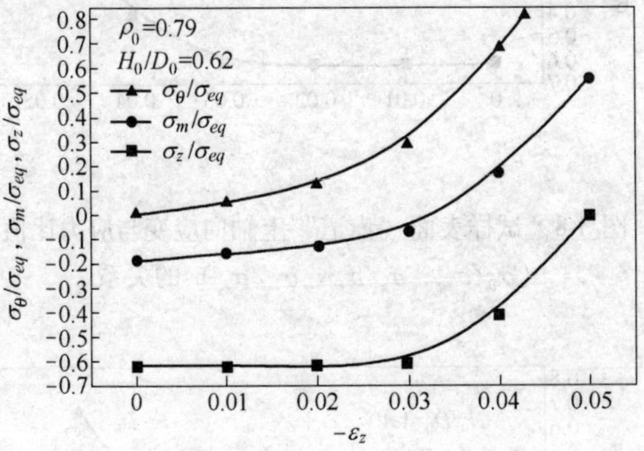

图 5-6 试样表面"赤道"上轴向应变与应力比值（$\sigma_\theta/\sigma_{eq}$、$\sigma_z/\sigma_{eq}$、$\sigma_m/\sigma_{eq}$）的关系

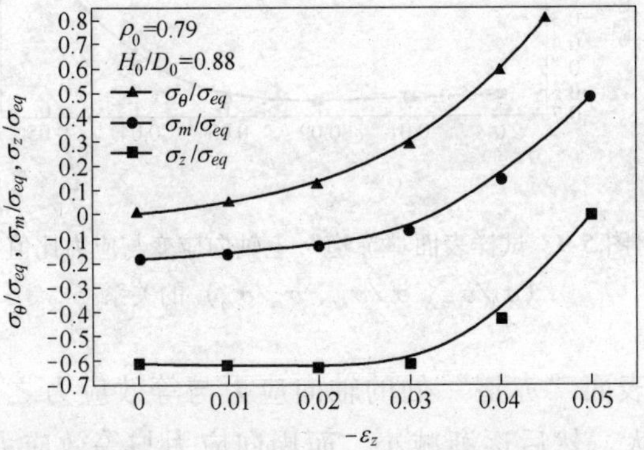

图 5-7 试样表面"赤道"上轴向应变与应力比值（$\sigma_\theta/\sigma_{eq}$、$\sigma_z/\sigma_{eq}$、$\sigma_m/\sigma_{eq}$）的关系

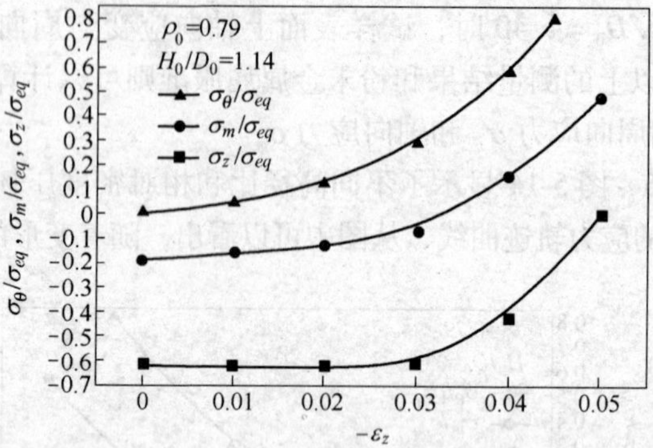

图 5-8　试样表面“赤道”上轴向应变与应力比值（$\sigma_\theta/\sigma_{eq}$、$\sigma_z/\sigma_{eq}$、$\sigma_m/\sigma_{eq}$）的关系

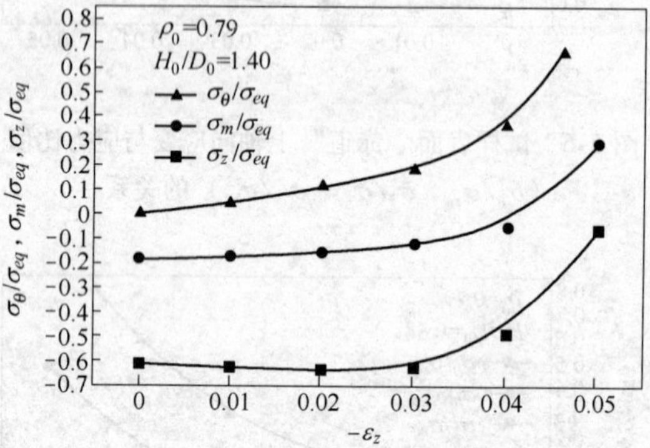

图 5-9　试样表面“赤道”上轴向应变与应力比值（$\sigma_\theta/\sigma_{eq}$、$\sigma_z/\sigma_{eq}$、$\sigma_m/\sigma_{eq}$）的关系

变形自由表面“赤道”处的轴向应力与等效应力之比 σ_z/σ_{eq}，先微微增大，然后逐渐减小。而周向应力与等效应力之比 $\sigma_\theta/\sigma_{eq}$，平均应力与等效应力之比 σ_m/σ_{eq}，则随着变形增加逐渐增大。

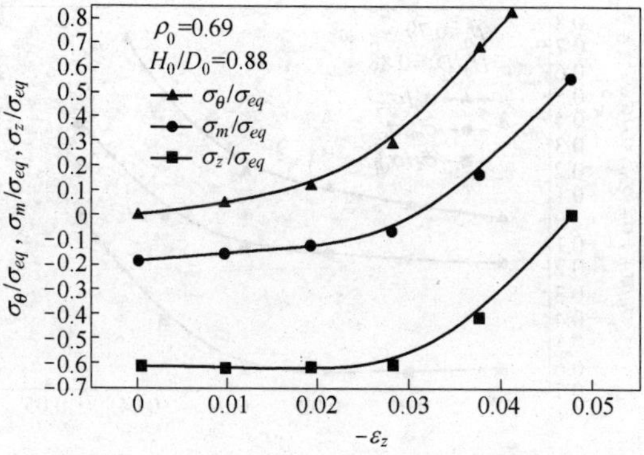

图 5-10 试样表面“赤道”上轴向应变与应力比值（$\sigma_\theta/\sigma_{eq}$、$\sigma_z/\sigma_{eq}$、$\sigma_m/\sigma_{eq}$）的关系

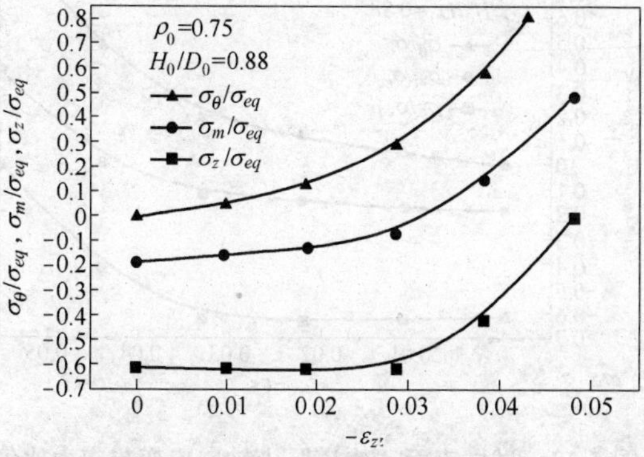

图 5-11 试样表面“赤道”上轴向应变与应力比值（$\sigma_\theta/\sigma_{eq}$、$\sigma_z/\sigma_{eq}$、$\sigma_m/\sigma_{eq}$）的关系

利用应变轨迹曲线和应力轨迹曲线，即可使用本书提出的损伤模型，即式（5-22），计算出坯体“赤道”处的损伤值（该处损伤最为严重）。表 5-1 给出了在不同变形条件下，变形体自由表面出现裂纹时，变形体“赤道”处的损伤计算值。

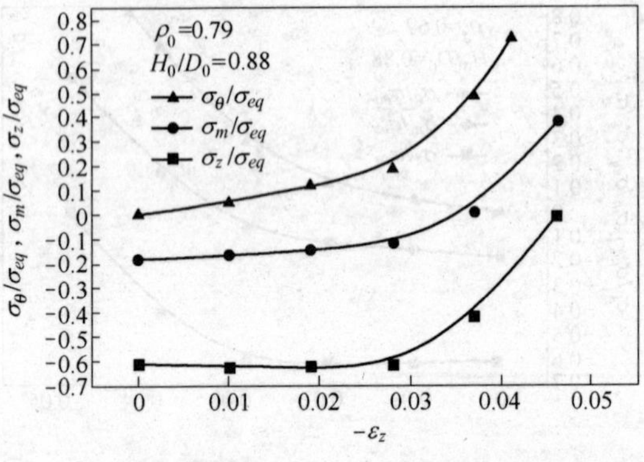

图 5-12 试样表面“赤道”上轴向应变与应力比值（$\sigma_\theta/\sigma_{eq}$、$\sigma_z/\sigma_{eq}$、$\sigma_m/\sigma_{eq}$）的关系

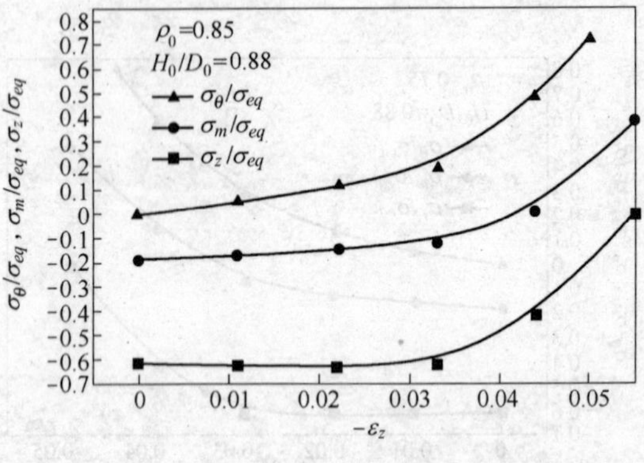

图 5-13 试样表面“赤道”上轴向应变与应力比值（$\sigma_\theta/\sigma_{eq}$、$\sigma_z/\sigma_{eq}$、$\sigma_m/\sigma_{eq}$）的关系

表 5-1 自由表面出现裂纹时“赤道”处的损伤值

ρ_0 \ C \ H_0/D_0	0.62	0.88	1.14	1.40	$\overline{C}$	标准方差 σ
0.79	0.5006	0.4985	0.4966	0.4942	0.4975	0.00036
0.85	0.5001	0.4968	0.5019	0.4928		
0.89	0.4893	0.4996	0.5003	0.4991		

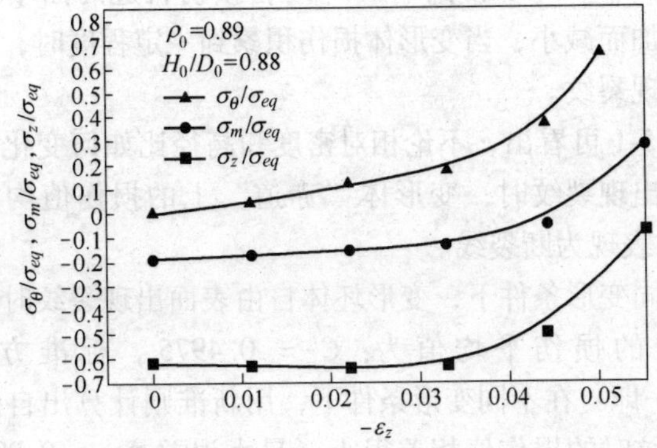

图 5-14 试样表面"赤道"上轴向应变与应力比值
（$\sigma_\theta/\sigma_{eq}$、$\sigma_z/\sigma_{eq}$、$\sigma_m/\sigma_{eq}$）的关系

图 5-15 给出了计算得出的损伤值与轴向应变 ε_z 的轨迹曲线。从图中可以看出：当相对密度相同，高径比不同 H_0/D_0 = 0.62、H_0/D_0 = 0.88、H_0/D_0 = 1.14 和 H_0/D_0 = 1.40 时，损伤轨迹的曲率随着高径比的增加而减小，当变形体损伤积累到一定程度时，变形体自由表面出现裂纹。当高径比相同，相对密度不同

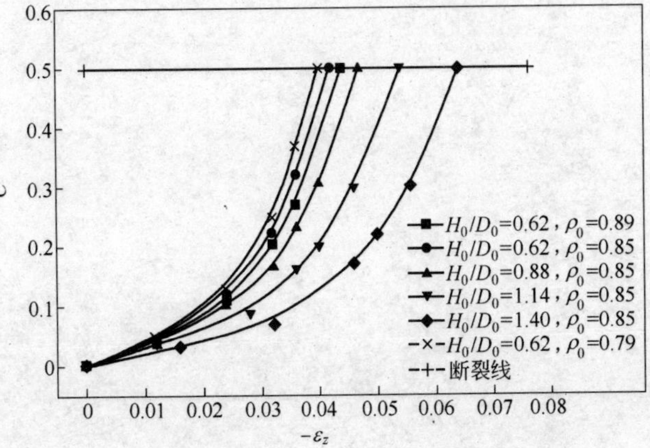

图 5-15 试样表面"赤道"上轴向应变与损伤变量的关系

$\rho_0 = 0.89$、$\rho_0 = 0.85$ 和 $\rho_0 = 0.79$ 时，损伤轨迹的曲率随着相对密度的增加而减小，当变形体损伤积累到一定程度时，变形体自由表面出现裂纹。

从表 5-1 可看出，不论相对密度和高径比如何变化，变形体自由表面出现裂纹时，变形体“赤道”上的损伤值均相近。在图 5-15 中表现为断裂线。

在不同变形条件下，变形坯体自由表面出现裂纹时，变形坯体赤道处的损伤平均值为：$\overline{C} = 0.4975$，标准方差 $\sigma = 0.00036$。即：在不同变形条件下，用新准则计算出自由镦粗试样出现裂纹时的损伤值相差很小（最大误差 $\Delta_{max} = 0.0082$），由此可知本文提出的基于金属粉末成形数学模型的韧性损伤准则作为一个评判标准是合理的。

6 粉末金属成形过程的计算机仿真与成形中的缺陷分析

6.1 圆柱压坯成形数值模拟与结果分析

利用弹塑性有限元法，人们能够对变形体中任何一点进行追踪描述，记录任一点的应变、应力历史，解决了实验过程中无法实现的变形历史记录问题，为研究与变形历史有关的韧性损伤提供了方便、有力的工具。

本章利用有限元法和本书介绍的新的韧性损伤准则，首先对圆柱压坯双向闭模压制（见图6-1），在不同高径比、摩擦条件、压制速度和脱模时的韧性损伤发展情况进行模拟和分析。

由于对称性，取圆柱体1/8进行模拟，见图6-2(a)，并主

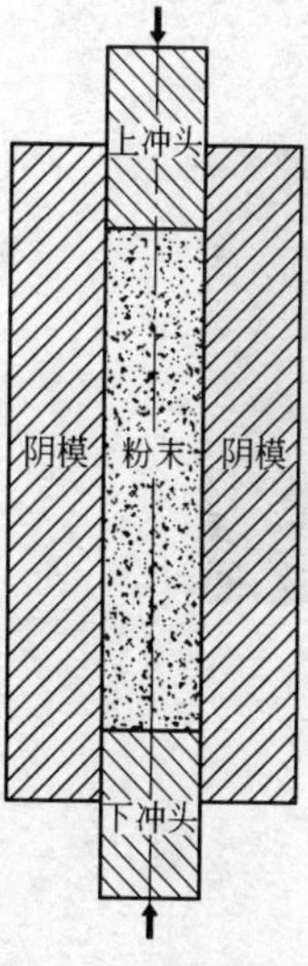

图6-1　压制过程

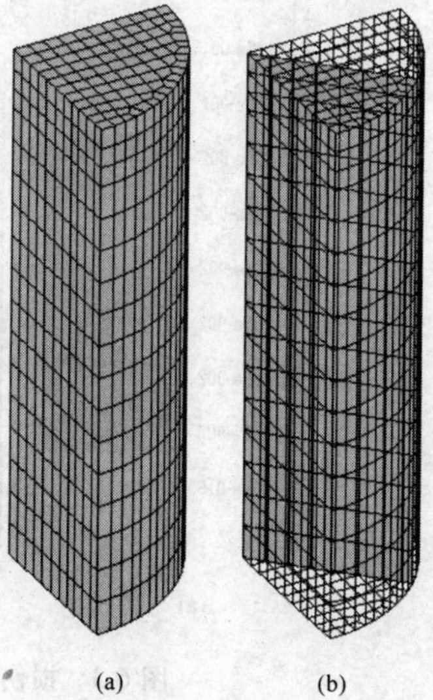

图6-2　有限元网格和分析所取切面

要对纵向断面上损伤分布进行分析，见图6-2(b)。

6.1.1 数值模拟计算条件

材料：还原制取的铁粉。

摩擦条件（μ）：0.05、0.1、0.15、0.3；

高径比（H_0/D_0）：0.7、1.1、1.38、1.8；

压制速度（v）：3mm/s、8mm/s。

6.1.2 压坯成形数值模拟与损伤状况分析

图6-3～图6-9所示为闭模压制过程结束瞬间和脱模过程中圆柱压坯上的损伤场量分布。纵观图6-3～图6-6，闭模压制时，损伤最严重的部位为压坯上与模冲和阴模均接近部位；脱

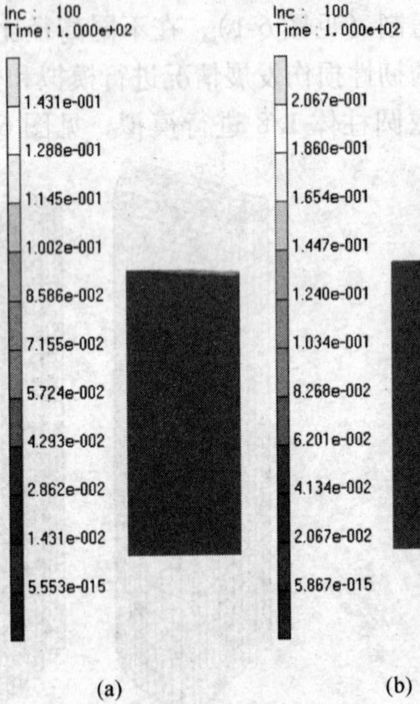

图6-3 损伤场量分布

(a) $\mu=0.05$，$H_0/D_0=1.1$，$v=3$；(b) $\mu=0.3$，$H_0/D_0=1.1$，$v=3$

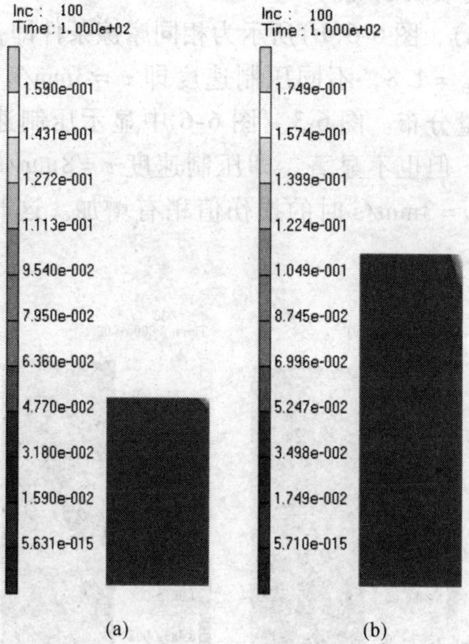

图 6-4 损伤场量分布

(a) $\mu=0.1$，$H_0/D_0=0.7$，$v=3$；(b) $\mu=0.1$，$H_0/D_0=1.38$，$v=3$

模时，损伤最严重的部位为刚刚脱离阴模的圆柱外表面。这与实际是相符的。图 6-3(a)、图 6-3(b) 所示为相同高径比即 $H_0/D_0=1.1$ 和压制速度即 $v=3$mm/s，不同摩擦条件即 μ 分别为 0.05 和 0.3 时的损伤场量分布。两图比较可以看出，摩擦力对损伤的影响较大，μ 为 0.3 时的损伤值比 μ 为 0.05 时的损伤值增加较大。但是还未增大到出现裂纹的程度（即损伤值大于 0.498）。

图 6-4(a)、图 6-4(b) 所示为相同摩擦条件即 $\mu=0.1$ 和压制速度即 $v=3$mm/s，不同高径比即 $H_0/D_0=0.7$ 和 $H_0/D_0=1.38$ 时的损伤场量分布。比较显示高径比对压坯的损伤有影响，但影响不显著。即 $H_0/D_0=1.38$ 时的损伤值比 $H_0/D_0=0.7$ 时稍有增

加。这时没有裂纹出现。

图 6-6(a)、图 6-6(b)所示为相同摩擦条件即 $\mu=0.15$ 和高径比即 $H_0/D_0=1.8$，不同压制速度即 $v=3\text{mm/s}$ 和 $v=8\text{mm/s}$ 时的损伤场量分布。图 6-3 ~ 图 6-6 中显示压制速度对压坯的损伤有影响，但也不显著。即压制速度 $v=8\text{mm/s}$ 时的损伤值比压制速度 $v=3\text{mm/s}$ 时的损伤值稍有增加。这时也没有裂纹出现。

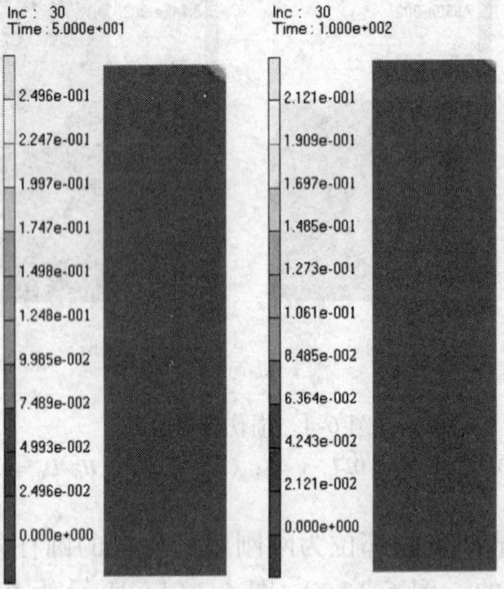

图 6-5 损伤场量分布

(a) $\mu=0.15$, $H_0/D_0=1.8$, $v=8$; (b) $\mu=0.15$, $H_0/D_0=1.8$, $v=3$

图 6-6 所示为脱模时的损伤场量分布。图 6-6(a)阴模没有倒角，图 6-6(b)阴模进行适当倒角（倒角斜率为 5‰），压坯脱模时摩擦条件为：$\mu=0.3$，脱模压坯平均相对密度为 0.88。由模拟结果可看出，当阴模不进行倒角时，压坯产生裂纹（最大损伤值大于 0.498），而对阴模内表面

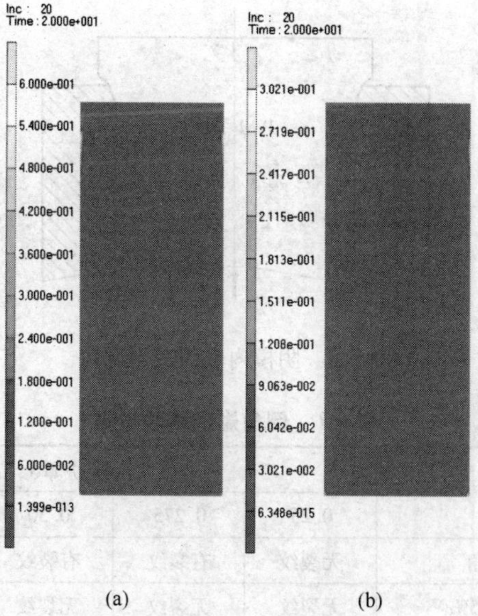

图 6-6　脱模时损伤场量分布

（a）阴模没有倒角；（b）阴模进行适当倒角

进行斜率 5‰后，压坯表面最大损伤值下降到 0.3，避免了裂纹的出现（图 6-7 和图 6-8 所示为倒角对压坯脱模阶段产生裂纹影响示意图）。以上模拟结果与表 6-1 提供的实验数据相符。

图 6-7　阴模内表面倒角不适当形成裂纹

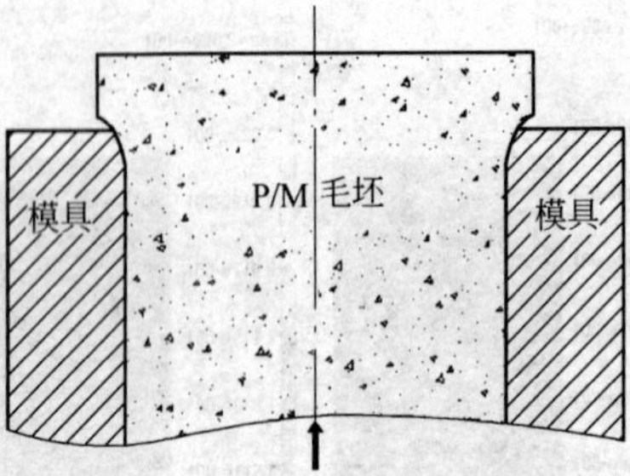

图 6-8 阴模内表面适当倒角

表 6-1 倒角影响试验数据

模具倒角	最大压制力/MN			
	0. 25	0. 275	0. 30	0. 325
没有倒角	无裂纹	有裂纹	有裂纹	有裂纹
倒角斜率 5‰	无裂纹	无裂纹	无裂纹	无裂纹
倒角斜率 20‰	无裂纹	有裂纹	有裂纹	有裂纹

由上述可看出：对于圆柱压坯而言，在压制时并不容易形成裂纹，而更容易形成裂纹的是脱模工序。这时候，由于约束解除过程中各部分膨胀不同，造成局部应力集中，损伤值超过极限，容易形成裂纹，如常见的分层裂纹等。

6. 2 二台阶压坯成形数值模拟与结果分析

为了进一步研究粉末金属成形过程中的损伤状况，这里对二台阶零件成形进行分析。图 6-9 所示为有限元离散模型和分析所取的断面。由于对称性，有限元分析取零件的 1/4，计算结果分析则取图 6-9 所示断面进行。

二台阶零件成形过程中，压坯受力状况比较复杂，影响裂纹产生的因素也比较多，单冲头单向闭模压制，容易造成密度分布不符合设计要求。多冲头压制，各冲头之间的相对速度、摩擦条件等因素都会对压坯的密度分布和损伤有影响，而脱模时压坯回

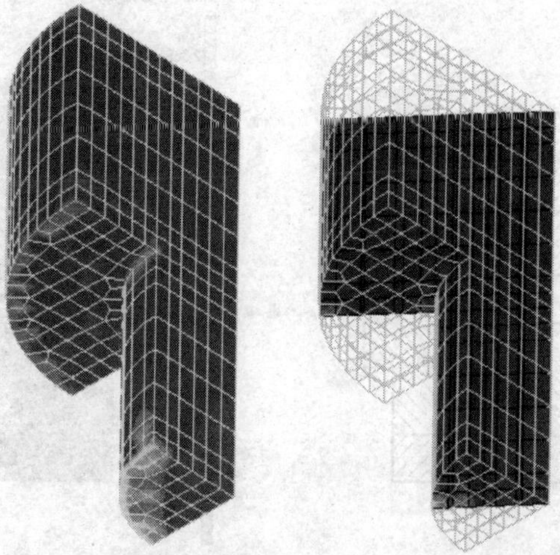

(a)　　(b)

图 6-9　有限元计算网格与分析所取断面

弹也是影响压坯损伤的重要因素。下面对二台阶零件压制过程的损伤状况进行模拟，并对模拟结果进行分析。

6.2.1　二台阶压坯闭模压制数值模拟与压坯韧性损伤发展分析

6.2.1.1　数值模拟计算条件

材料：还原制取的铁粉；

摩擦条件（μ）：0.08、0.16、0.35；

压制方式：单向压制、双冲头双向压制、三冲头双向压制。

6.2.1.2　压坯成形数值模拟与损伤状况分析

图 6-10 显示了单向闭模压制过程，图 6-11、图 6-12 和图 6-13所示为不同摩擦条件下（$\mu=0.08$、$\mu=0.16$ 和 $\mu=0.35$）压坯的损伤场量分布，从图中可以看出压坯上损伤最严重的部位为

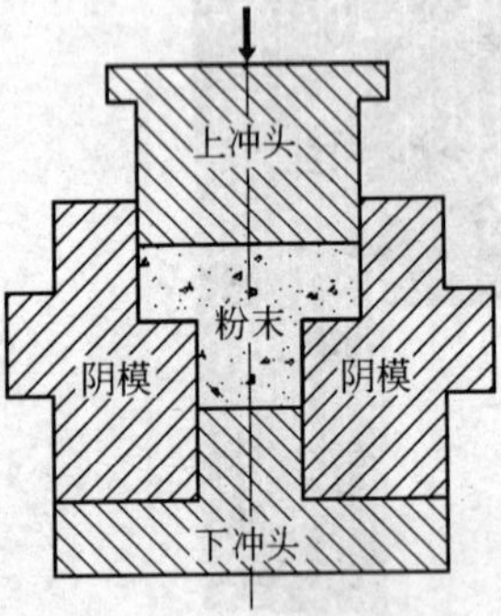

图 6-10 单向压制过程示意图

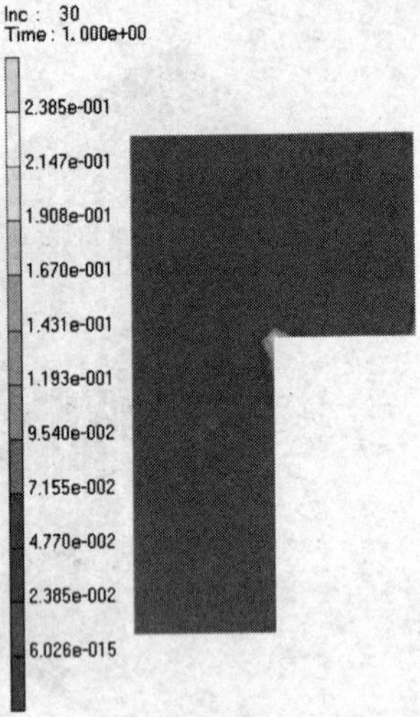

图 6-11 单向压制
($\mu=0.08$)

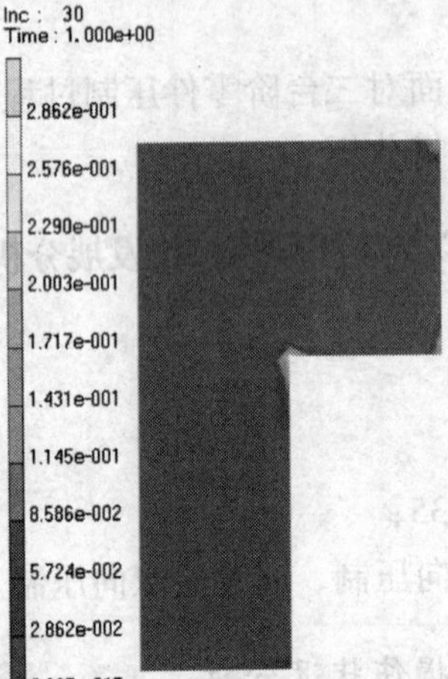

图 6-12 单向压制
($\mu=0.16$)

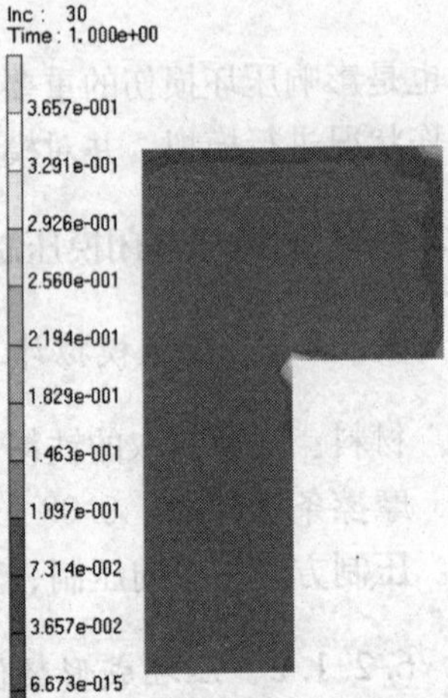

图 6-13 单向压制
($\mu=0.35$)

横向尺寸变化结合部位，而损伤值随摩擦力增大而增大，但还没有出现裂纹。实验证明台阶之间结合处密度分布梯度最大，应力分布也最为复杂。

图 6-14 所示为双向闭模压制过程，图 6-15、图 6-16 和图 6-17所示为两个冲头速比为1∶1时，压坯的损伤场量分布，从图 6-22～图 6-27 中可以看出压坯上横向尺寸变化结合部位损伤状况有很大的改善，压坯上的最大损伤值比单向压制时明显减小，同样，损伤值随摩擦力增大而增大。

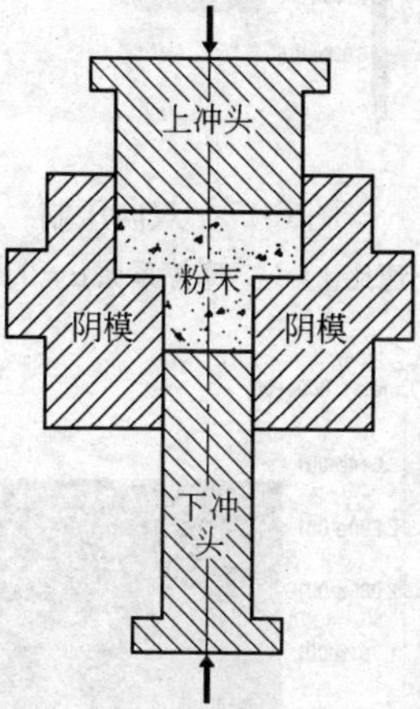

图 6-14 双向压制过程示意图

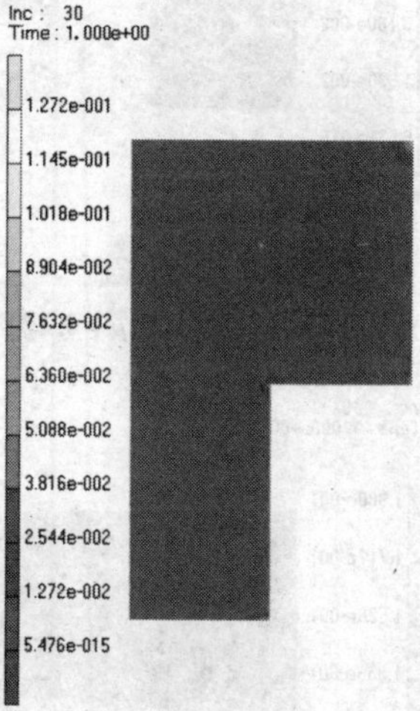

图 6-15 双向压制
（速比 1∶1，摩擦系数 $\mu=0.08$）

图 6-18、图 6-19 和图 6-20 所示为两个冲头速比为 2∶1 时压坯的损伤场量分布，这时压坯上的损伤值有所增大，但比单向压制时要好一些。损伤最严重的部位仍为横向尺寸变化结合部位，损伤值随摩擦力增大而增大。

图 6-21 所示为三冲头双向闭模压制过程，图 6-22～图 6-24 所示为三冲头双向闭模压制 3 个冲头速比为 0.6∶1∶0.28 时压坯

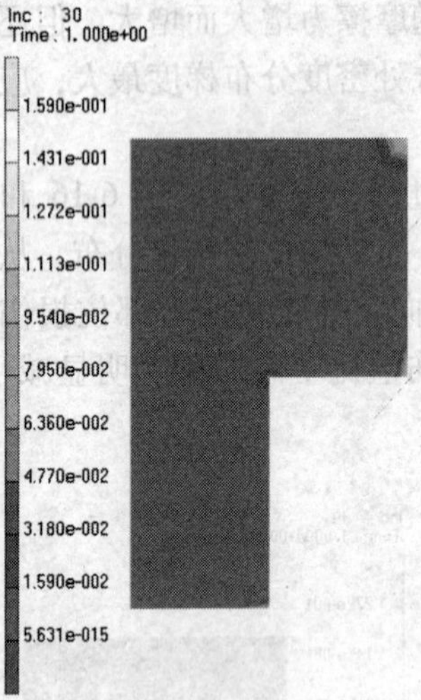

图 6-16 双向压制
（速比 1∶1，摩擦系数 $\mu = 0.16$）

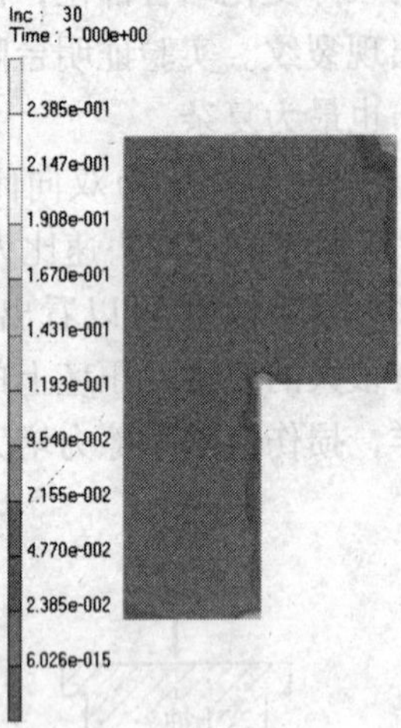

图 6-17 双向压制
（速比 1∶1，摩擦系数 $\mu = 0.35$）

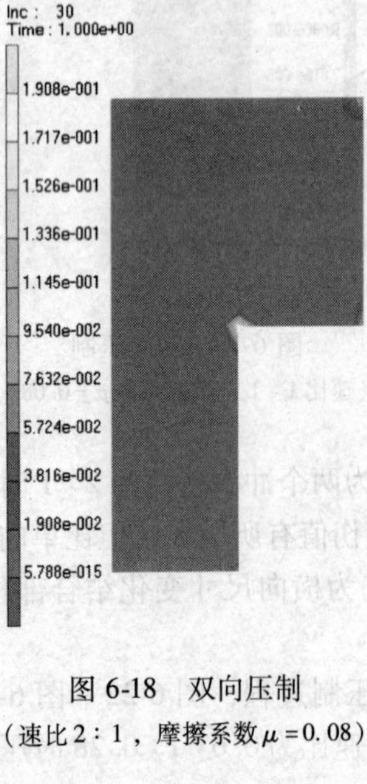

图 6-18 双向压制
（速比 2∶1，摩擦系数 $\mu = 0.08$）

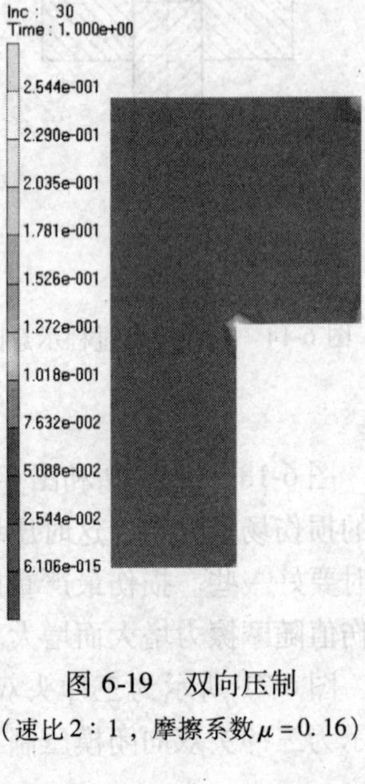

图 6-19 双向压制
（速比 2∶1，摩擦系数 $\mu = 0.16$）

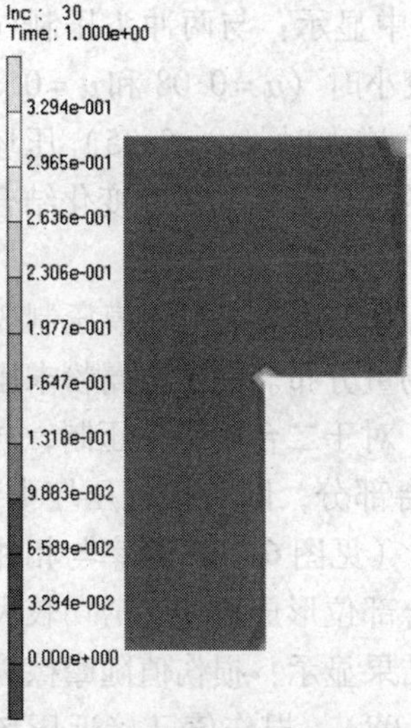

图 6-20 双向压制

（速比 2 : 1 ,摩擦系数 $\mu=0.35$）

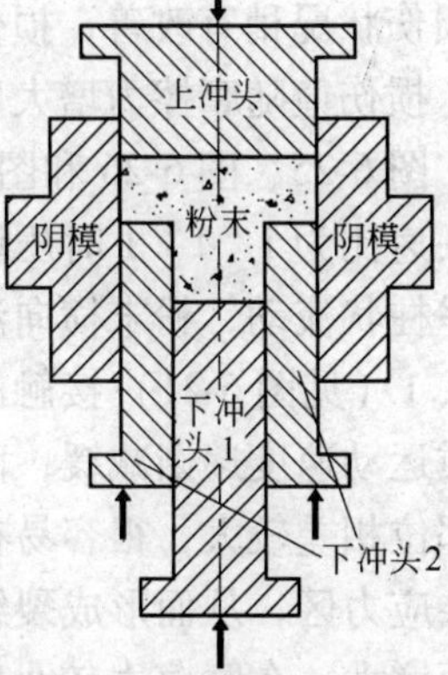

图 6-21 三冲头双向压制示意图

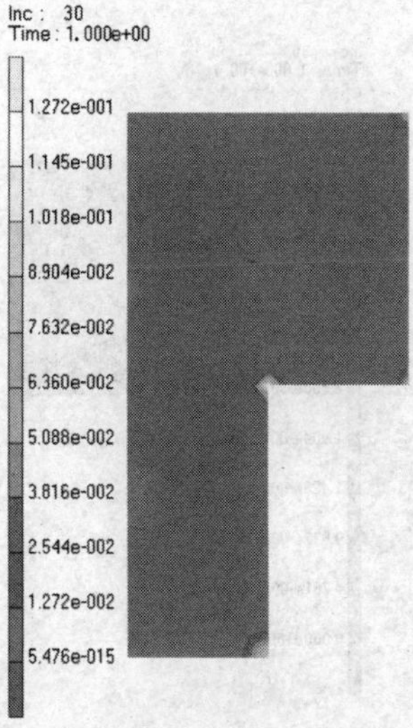

图 6-22 三冲头双向压制

（速比 0.6 : 1 : 0.28 ,摩擦系数 $\mu=0.08$）

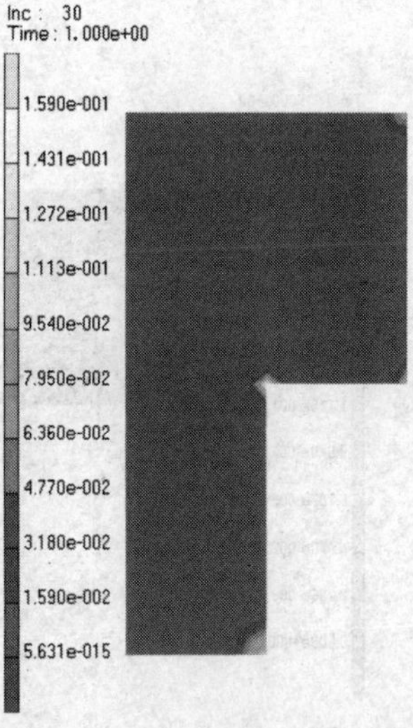

图 6-23 三冲头双向压制

（速比 0.6 : 1 : 0.28 ,摩擦系数 $\mu=0.16$）

的损伤场量分布，图 6-22 ~ 图 6-24 中显示：与两冲头压制（冲头速比为1∶1）时相比，在摩擦力较小时（μ =0.08 和 μ =0.16）压坯上的损伤状况变化不大，摩擦力增大时（μ =0.35）压坯上的损伤状况稍有改善，损伤最严重的部位为横向尺寸变化结合部位，损伤值随摩擦力增大而增大。

图 6-25、图 6-26 和图 6-27 所示为三冲头双向闭模压制 3 个冲头速比为 1∶1∶1 时压坯的损伤场量分布。由于金属粉末压制时呈柱状流动，粉末横向流动性差，对于二台阶零件压制，与下冲头 1（见图 6-21）接触的压坯凸台部分，随着接近压坯中部，介质运动速度逐渐减缓，而下冲头 2（见图 6-21）速率与相邻凸台部位相差较大，很容易在台阶结合部位形成拉伸、剪切较大的复杂应力区，从而形成裂纹。模拟结果显示：损伤值随摩擦力增大而增大。在摩擦力较小时（μ =0.08），损伤值已接近压坯的断裂极限，而摩擦力增大（μ =0.16 和 μ =0.35）时，压坯已产生宏观裂纹。

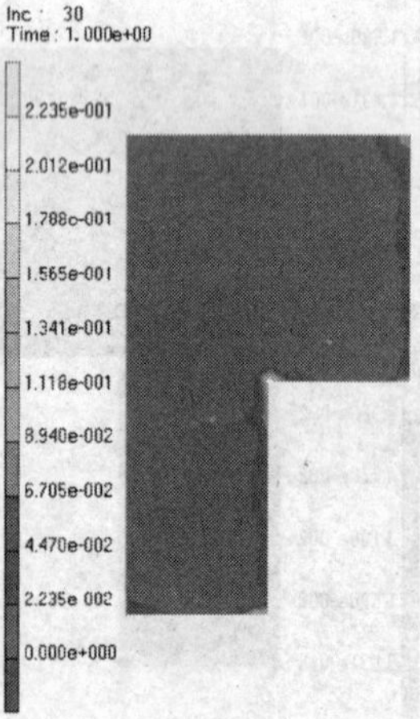

图 6-24 三冲头双向压制

（速比 0.6∶1∶0.28，摩擦系数 μ =0.35）

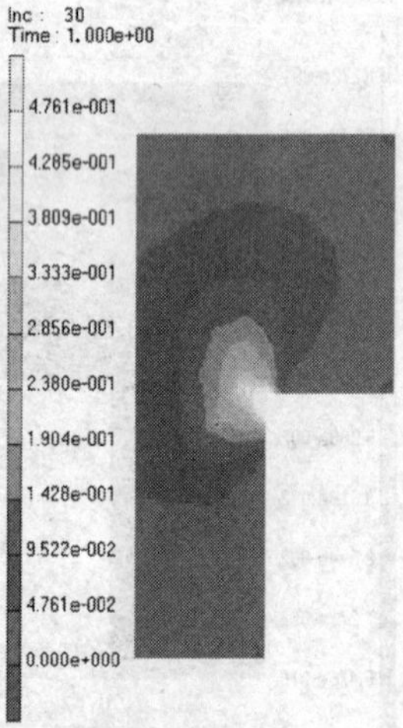

图 6-25 三冲头双向压制

（速比 1∶1∶1，摩擦系数 μ =0.08）

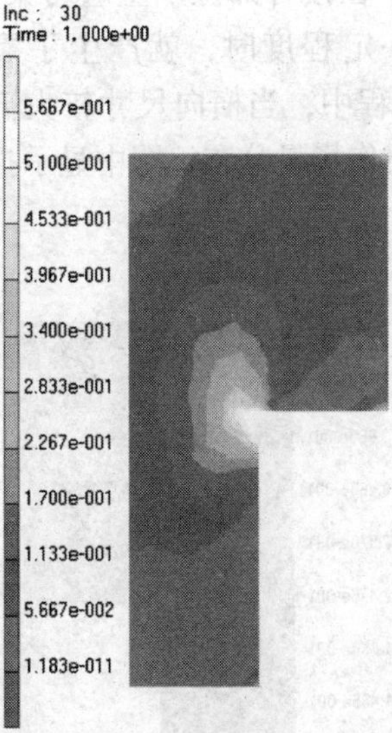

图 6-26 三冲头双向压制
（速比 1∶1∶1，摩擦系数 $\mu=0.16$）

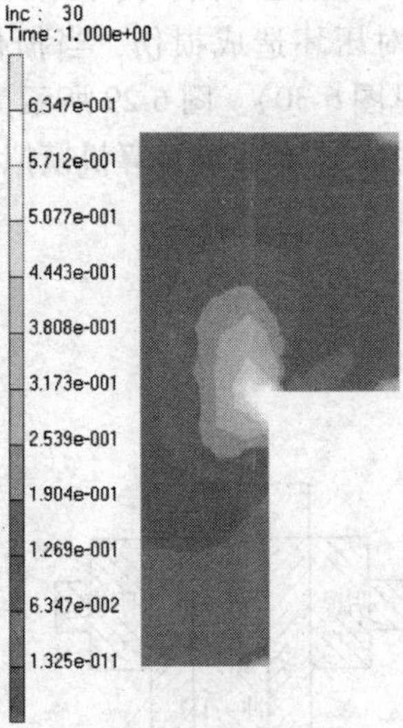

图 6-27 三冲头双向压制
（速比 1∶1∶1，摩擦系数 $\mu=0.35$）

综上所述，两冲头闭模压制比单向闭模压制损伤状况有所改善，而在压制时并不容易形成压制裂纹，但脱模时更容易形成裂纹。三冲头闭模压制在三冲头之间速比适当时，损伤状况比两冲头闭模压制有改善。但如果三冲头之间速比不适当，则很容易形成裂纹。为了获得密度均匀分布的坯体，多冲头压制时冲头必须同步进行。如果各冲头压制不同步，先压下冲头部分与后压下冲头部分台阶之间必然形成剪切带，从而形成裂纹。二台阶零件压制时，随摩擦力增加，损伤值增大，因此，压制时改善润滑条件，有助于消除裂纹。

6.2.2 二台阶生坯脱模时损伤状况和结果分析

图 6-28 所示为三冲头双向闭模压制脱模过程示意图。二台阶压坯脱模时，由于零件在横向尺寸不同，脱模过程中各部分横

向回弹量也不同。由于回弹量不同，在接合部位产生应力集中，而对压坯造成损伤，当损伤达到一定程度时，就产生了裂纹（见图6-30）。图6-29所示为脱模过程中，当横向尺寸较大部分刚脱离阴模瞬间计算机模拟压坯的损伤场量分布，图中显示损伤

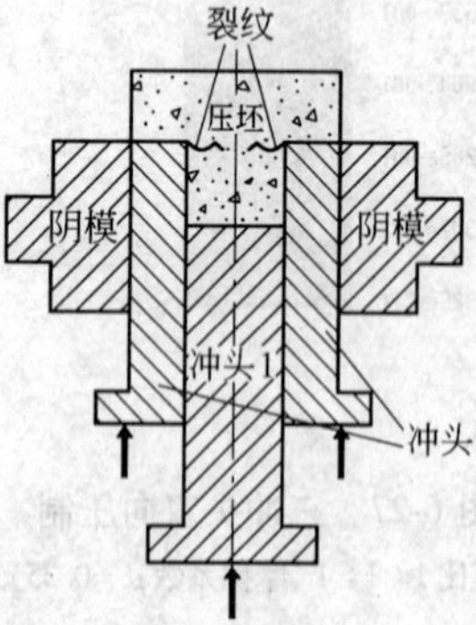

图6-28　脱模过程示意图

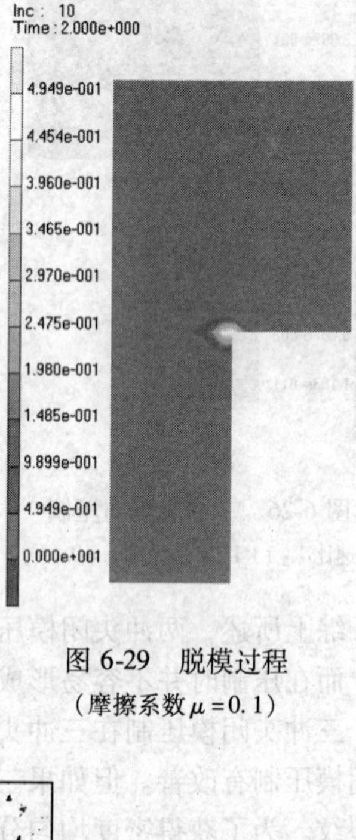

图6-29　脱模过程
（摩擦系数 $\mu=0.1$）

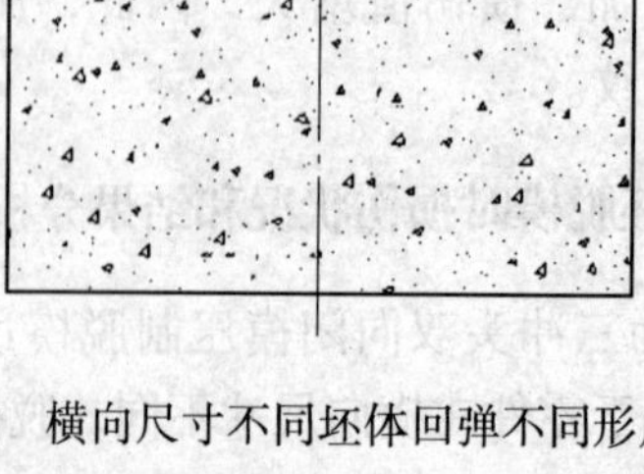

图6-30　横向尺寸不同坯体回弹不同形成裂纹

最严重的部位为横向尺寸变化结合部位，最大点的损伤值已接近压坯的断裂极限。实际上，不对称的坯体，在脱模过程中更容易造成应力集中，从而形成裂纹。而脱模顺序不同，不仅影响脱模应力的大小，而且会引起生坯的回弹方向不同。同圆柱压坯一样，阴模的倒角适当与否对分层裂纹产生的影响很大。如果压坯密度分布不均匀。密度不同，回弹量也不同，在密度分布变化较大的部位容易产生裂纹。

6.3 多台阶复杂形状压坯成形数值模拟与结果分析

同简单形状压坯一样，对于多台阶复杂形状零件成形来讲，减小摩擦力有助于消除缺陷。而压制方式、模冲设计及零件角点设计对零件成形质量的影响则较为复杂，下面主要集中于压制方式和模冲设计对成形质量进行模拟和研究分析。

6.3.1 三台阶压坯

设计多台阶压坯压模时，一般可按台阶分别设计模冲，以保证各横截面上的粉末填充系数和压缩比相同或相近，并采用先压缩高区粉末再同时压缩高、低区粉末的方法，使压坯各横截面上的粉末受到相同的压缩程度，从而可得到密度分布较均匀且无裂纹的多台阶压坯。但是，当压坯相邻台阶的高度差较小时，可以用一个模冲来压制这两个台阶，而不需设计两个模冲。据巴尔申推荐，当相邻台阶的高度差不超过压坯较高台阶高度的25%时，可以采用整体模冲来压制。但是，维诺格拉多夫等人指出：把它作为设计组合模冲的普遍性原则是不适宜的，因为它所引起的压坯各部分的密度差还是相当大的。当采用整体模冲压制带台阶压坯时，相邻两台阶的压缩比不相同，获得的孔隙度也不同。实际应用中，针对制品的平均孔隙度，给出一组允许孔隙度差的经验数据。对于高精密、新产品的设计，这个经验数据显然过于粗糙。可以运用计算机仿真的手段方便地解决这个问题。

图6-31所示为三台阶压坯三维实体及线框模型，具体尺寸如图6-31所示，模拟采用两种压制方式：CASE1（见图6-32）为两模冲双向压制，速比为1∶1；CASE2（见图6-33）为三模冲压制，速比为1∶2∶3.8。

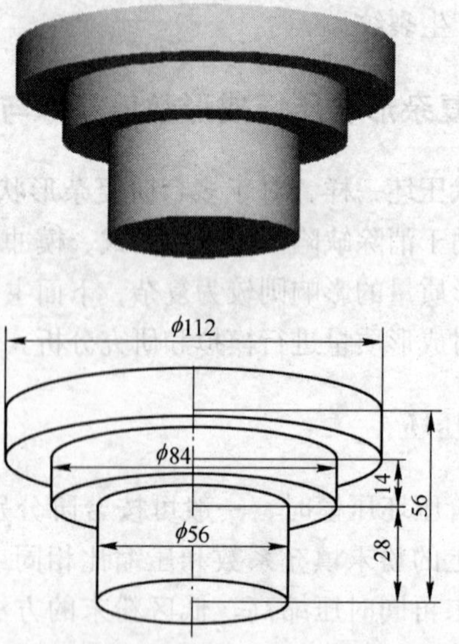

图6-31　三台阶压坯三维实体及线框模型

从图6-31中可见：在压制成形的过程中，CASE2压制方式下粉末压坯的密度分布较均匀，但最大损伤值大小没有明显减小，这主要是由于摩擦和模冲与邻近粉末颗粒运动不同步所造成。总体来讲，采用分离冲头效果较好，这主要是因为冲头的设计考虑了各台阶的压缩比保持一致。因此在有条件时，采用分离冲头，即各台阶都对应有冲头，更能够保证压制质量。但是，在采用分离冲头的同时，要改进压坯补偿装粉高度的设计，这样才能保证经过压制后，成品的最终尺寸不变。

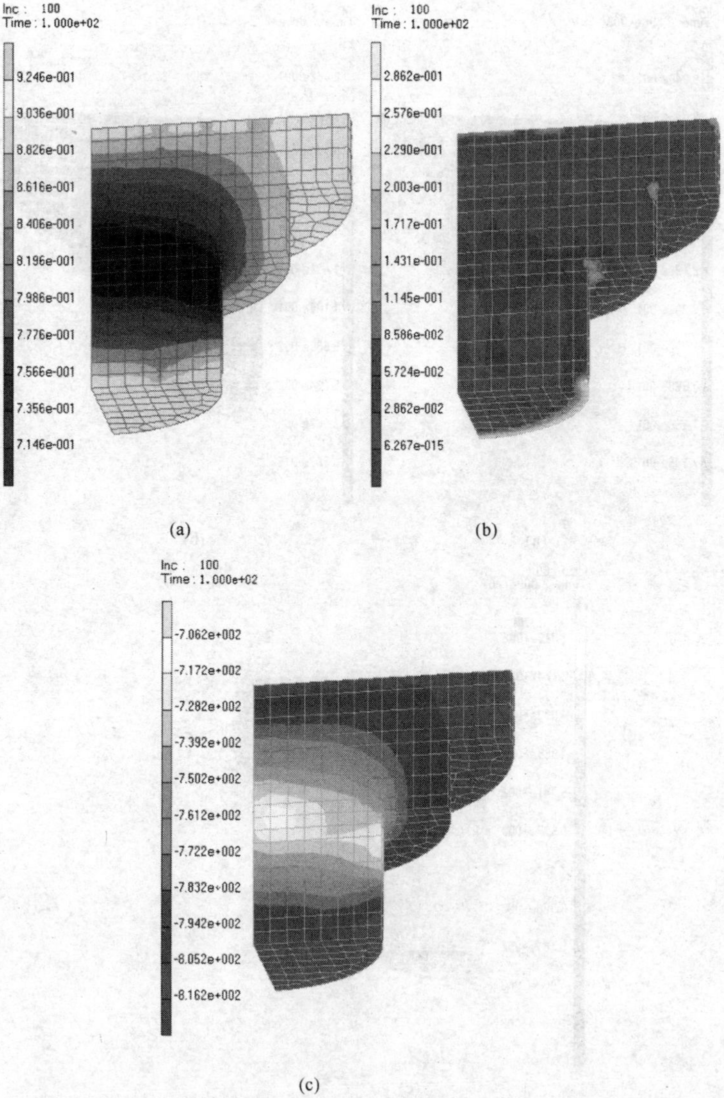

图 6-32 双向压制时密度、损伤场量、轴向应力分布

（速比为 1∶1）

（a）相对密度；（b）损伤场量；（c）轴向应力

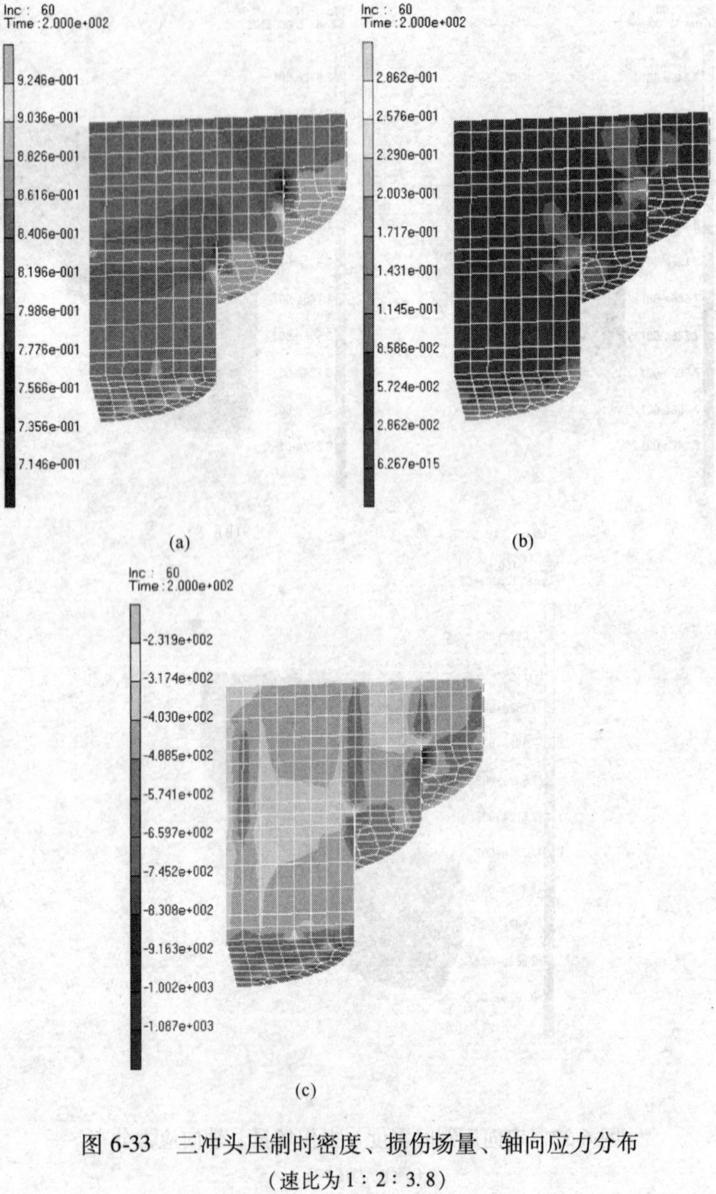

图 6-33 三冲头压制时密度、损伤场量、轴向应力分布

（速比为1∶2∶3.8）

（a）相对密度；（b）损伤场量；（c）轴向应力

为了提高压制质量，除了对压制方式和模冲设计改进之外，对产品角点进行适当倒角，会有效地改善角点部位密度分布，消除因损伤造成的裂纹。图 6-34 所示为三台阶压坯下部角点倒圆角的三维实体及线框模型，图 6-35 所示为模拟相对密度、损伤场量和轴向应力分布，从图中可以看到，没倒圆角的角点应力集中和损伤程度比倒圆角角点处严重得多。

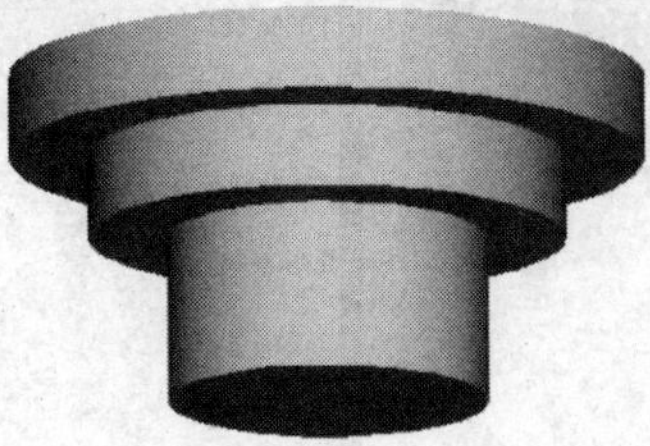

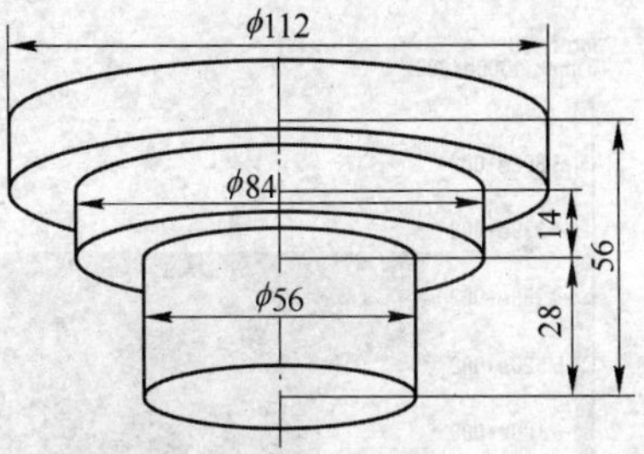

图 6-34 三台阶压坯三维实体及线框模型

6.3.2 皮带轮类零件

皮带轮类形状压坯是比较典型的粉末金属成形制品，也是上海粉末冶金厂生产最多的零件。完成对皮带轮类形压坯压制过程的数值模拟，显然具有很大的实用意义。

皮带轮类形状压坯三维实体模型及线框模型如图 6-36 所示。压制工艺分两种情况分析：CASE1：采用上部 3 个冲头，下部 1 个冲头压制，见图 6-37(a)，速比为 3∶0.5∶3∶0.5，实际上是

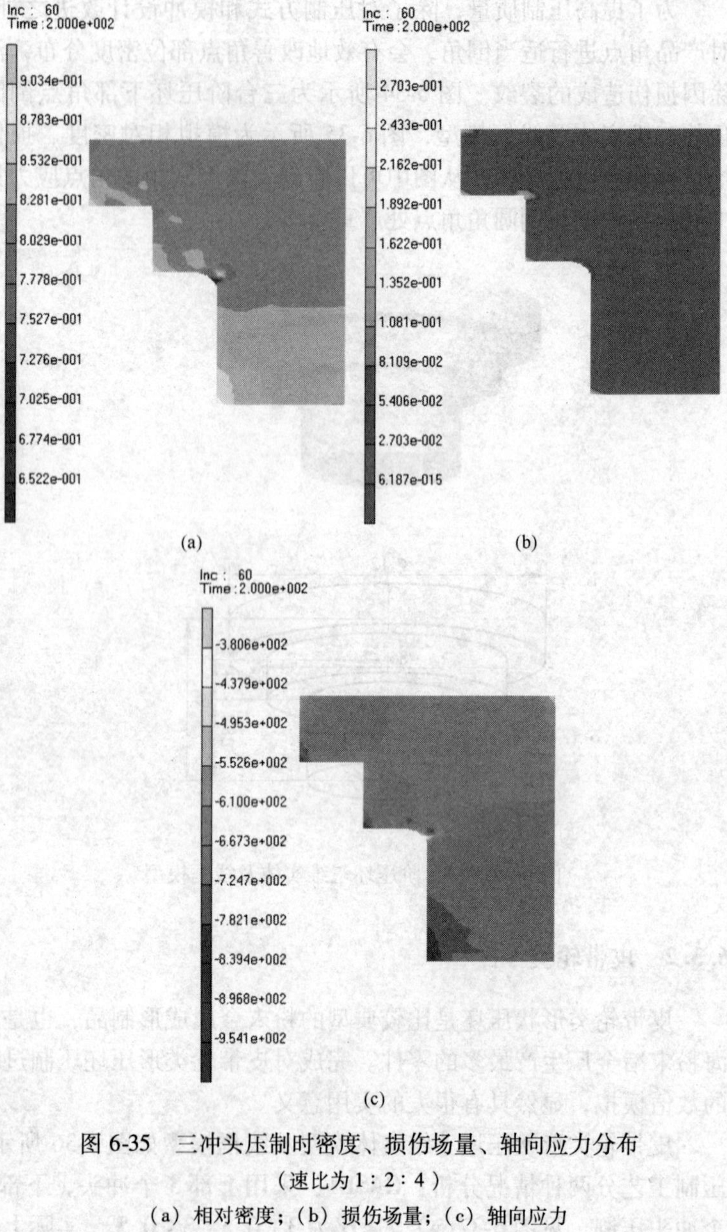

图 6-35 三冲头压制时密度、损伤场量、轴向应力分布

（速比为 1：2：4）

（a）相对密度；（b）损伤场量；（c）轴向应力

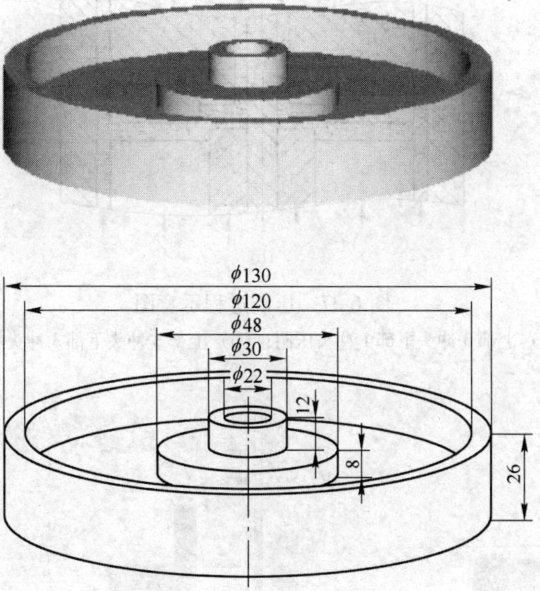

图 6-36　三维实体及线框模型

各台阶补偿装粉后压缩比不同的情况；CASE2：采用上部 3 个冲头，下部 3 个冲头压制，见图 6-37(b)，速比为 2∶0.5∶2∶2∶0.5∶0.88，实际上是各台阶补偿装粉后压缩比相同的情况。分析结果如图 6-38 和图 6-39 所示。

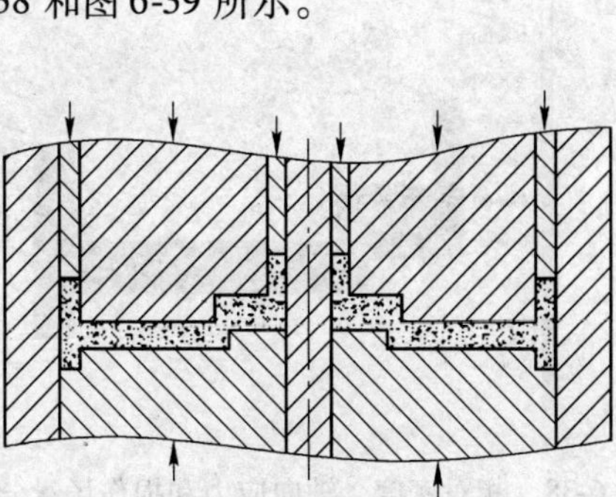

(a)

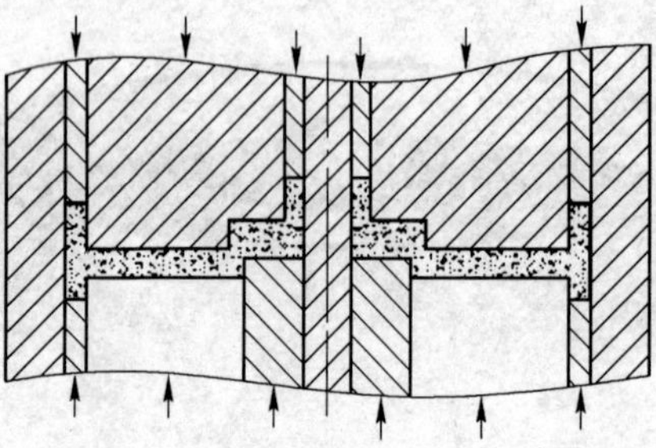

(b)

图 6-37 压制过程示意图

（a）上部 3 冲头下部 1 冲头压制；（b）上部 3 冲头下部 3 冲头压制

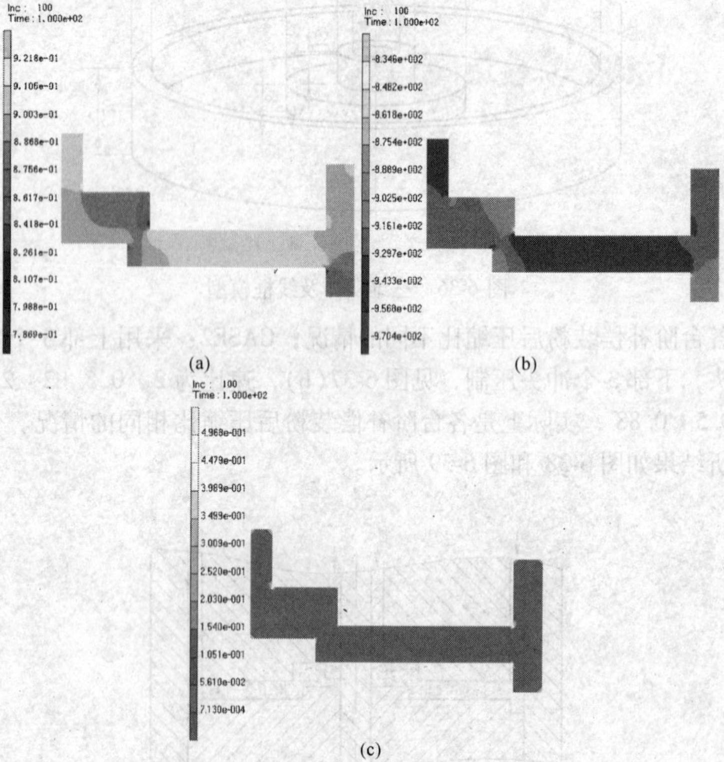

图 6-38 相对密度、轴向应力和损伤场量分布

（a）相对密度；（b）轴向应力；（c）损伤场量

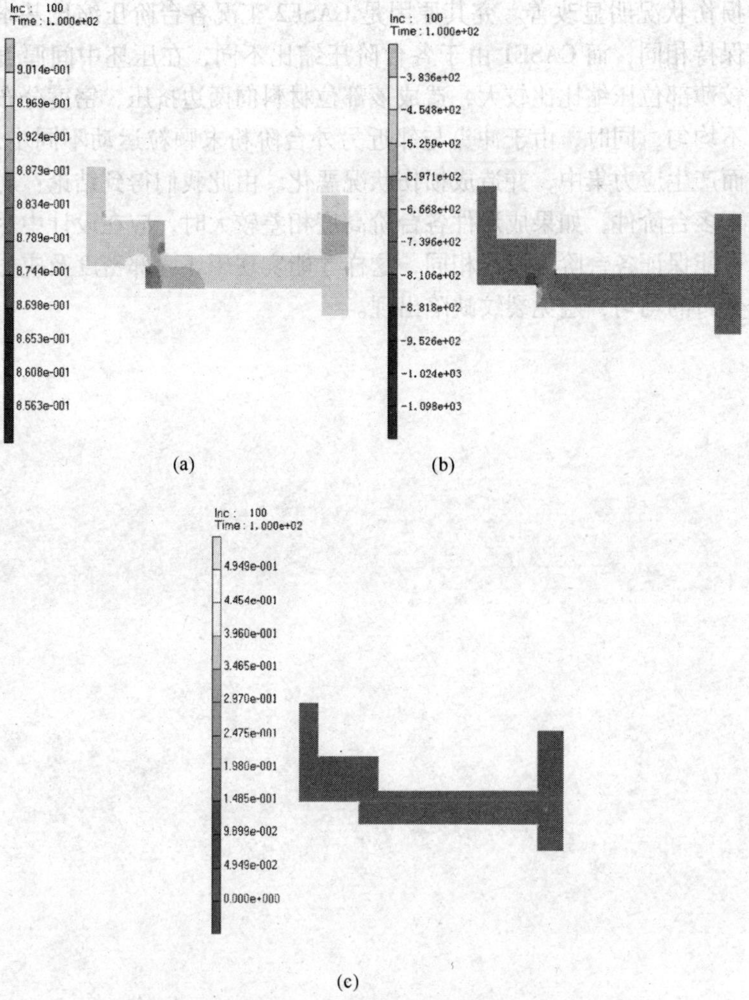

图 6-39 相对密度、轴向应力和损伤场量分布

（a）相对密度；（b）轴向应力；（c）损伤场量

由图 6-37 所示，对比可以看出：CASE2 工况下压制产品的质量明显优于比 CASE1 工况下压制产品的质量。表现在压坯内各台阶位移量基本保持同步、应力集中减少、密度分布更均匀、

损伤状况明显改善。究其原因是CASE2工况各台阶压缩比基本保持相同，而CASE1由于各台阶压缩比不同，在压坯中间厚度较薄部位压缩比比较大，造成该部位材料向两边挤压，密度分布不均匀，同时，由于冲头与邻近另外台阶粉末颗粒运动不同步，而产生应力集中，并造成损伤状况恶化。由此我们得到结论：对于多台阶件，如果成形件各台阶高度相差较大时，应在设计中尽可能保证各台阶压缩比相同，这样才能实现压坯内部密度及应力分布的均匀，避免裂纹缺陷出现。

7 结论与展望

粉末金属成形过程的计算机仿真和成形过程的缺陷预测具有非常大的理论与实际意义。作为交叉学科，它涉及到塑性加工、粉末冶金、计算力学、损伤力学、计算机技术和材料科学等多领域的知识，而缺陷预测与仿真正确与否的核心是描述该过程数学模型正确与否，多年来，很多学者分别基于不同理论基础进行了深入的研究，得到了很多有益的成果，作者是在此基础上，经过几年努力，对粉末金属成形过程缺陷预测的数学建模和成形过程的计算机仿真建模进行深入、系统的研究，最终完成此书，本书的结论如下：

（1）粉末金属成形过程中既存在应变硬化行为，又存在几何硬化的影响，使用基于粉末烧结多孔材料建立的屈服准则在描述粉末金属成形时存在不足，即：没有考虑粉末金属颗粒度和制粉方式对粉末成形过程中材料几何硬化的影响和低密度区域精度不高的问题。基于粉末金属单向压制实验数据，建立适于粉末金属成形从低密度到高密度全区域、并考虑粉末颗粒度和制粉方式影响的粉末金属成形过程中密度分布不均匀引起缺陷的预测模型是适当的。

（2）粉末金属成形与致密材料成形不同，它是由分散的颗粒形成有一定形状和强度压坯的过程。这给压坯产生裂纹的判断带来了较大困难。为此，在分析粉末金属的成形和裂纹形成特点上，本书提出了粉末金属成形裂纹形成的能量条件。

（3）粉末金属成形时，一般存在剪切带和空穴两种类型损伤，当损伤积累到一定程度，变形体内有裂纹产生，由此，并根据本书提出的金属粉末压制模型，推导出了新的韧性损伤准则。

（4）在借鉴前人实验基础上，设计了一套测试粉末坯体上各点密度的实验方案和装置，证实新模型的模拟结果与实验结果相符较好，特别是在低密度下。对压坯的破坏性实验验证了新的韧性损伤准则作为评判标准的合理性，同时对不同摩擦条件、高径比条件下圆柱形压坯压制和脱模时及不同压制方式、摩擦条件下多台阶零件压制模拟结果的分析，得到了与实际相符的结果。

(5) 基于计算机仿真结果，分别对简单形状零件、二台阶零件、多台阶复杂零件压制过程出现缺陷的影响因素进行分析，得到一些有益的结论。

以上为本书所做研究和探索内容的总结，同时作者也感到还有一些工作值得进一步的研究。作者认为可以在以下几个方面进行进一步的工作：

(1) 从不同角度（如：土塑性力学、微观力学及内蕴时间理论方法）对粉末成形机理及描述粉末成形的数学模型作进一步研究，在大量实验的基础上，针对不同粉末材料建立精确的描述粉末成形过程数学模型，形成一个完善的描述粉末成形过程的力学体系。

(2) 对粉末成形过程出现的缺陷的微、细观行为进行更为深入的研究，并将这种微、细观行为合理的宏观唯象化。

(3) 进一步研究含有损伤劣化的材料的本构方程。

(4) 进一步研究和完善粉末成形过程中各种参数的测试方法和设备。

(5) 进一步完善粉末金属成形仿真系统，将粉末成形过程工模具运动的动态仿真与成形仿真融合，进一步与粉末成形工艺和模具设计结合，并使用并行设计和智能设计等方法完善该系统。

参 考 文 献

[1] 董林峰，粉末金属成形中的缺陷预测与成形过程的计算机仿真[D]. 上海交通大学博士学位论文，2001.

[2] 黄培云，粉末冶金原理[M]. 北京：冶金工业出版社，1982.

[3] Kim K T, Yang H C, Hong S T. Dendification behaviour of titantium alloy powder compacts at high temperature 2001[J]. Powder Metallurgy, 44(1): 34 ~ 39.

[4] Li Yuanyuan, Zhao Weibin, Zhou Zhaoyao, Chen Puqing. Coupled mechanical and thermal simulation of warm compaction[J]. Trans Nonferrous Met Soc China, 2006, 16 (2): 311 ~ 315.

[5] Zhou Zhaoyao, Zhao Weibin, Li Yuanyuan, Chen Puqing, N. Tungwai Leo, Chen Weiping. Numerical simulation of warm compacted synchronous pulley[J]. Trans Nonferrous Met Soc China, 2006, 16 (2): 65 ~ 70.

[6] 邹志强，曲选辉，黄伯云. 国外粉末冶金的最新进展[J]. 粉末冶金技术，1997, 15(1): 66 ~ 70.

[7] 汪俊. 粉末金属成形过程建模及成形工艺计算机仿真[D]. 上海交通大学博士学位论文，1999.

[8] David C. Zenger and Haimain Cai, Common causes of cracks in P/M compacts, Inter. J. Powder Metallurgy, 1998, 34(4): 33 ~ 52.

[9] 任学平. 粉末金属屈服准则和流动应力的研究 [D]. 哈尔滨：哈尔滨工业大学，1989.

[10] H A Kuhn, C L Downey. Deformation Characteristics and Plasticity Theory of Sintered Powder Materials. Int. J. of Powder Metallurgy, 1971, 7(1): 15 ~ 25.

[11] R J Green. A Plasticity Theory for Porous Solids. Int. J. of Mech. Sci., 1972, 14 (3): 215 ~ 224.

[12] M Oyane, S Shima, Y. Kono. Theroy of plasticity for porous metals. Bull. JSME, 16, 1254, 1977.

[13] A L Gurson. Continuum Theory of Ductile Rupture by Void Nucleation and Growth: Part1—Yield Criteria and Flow Rules for Porous Ductile Media. ASME, J. Eng. Mater. Technol., 1977, 99 : 2.

[14] S M Doraivelu, H L Gegel, J S Gunasekera, J C Malas, J T Morgan, J. F. Thomas Jr. A New Yield Function for Compressible P/M Materials. Int. J. of Mech. Sci., 1984, 26(9/10): 527 ~ 535.

[15] K T Kim, J S Kim. Stage 1 compaction behavior of tool steel powder under die pressing, Powder Metallurgy, 1998, 41(3): 199 ~ 204.

[16] D N Lee, H S Kim. Plastic Yield Behaviour of Porous Metals, Powder Metallurgy, 1992, 35(4): 275 ~279.

[17] S J Park, C H Park. Modeling for uniaxial compaction of ceramic powders, Powder Metallurgy, 1999, 42(3): 269 ~274.

[18] T Tabata, S Masaki, Y Abe. A Yield Criterion for Porous Materials and Analysis of Axisymmetric Compress of Porous Disks, Jap. Soc. Tech. Plast. 1977, 18 (196): 373 ~380.

[19] J Duszczyk. New Yield Function for Forming Processes of Porous Materials, Advanced Tech. Of Plasticity 1987, V2, Edited by K. Lange, 969 ~976.

[20] B B Hwang, S Kobayashi. Deformation Characterization of Powdered Metals in Compaction, Inter. J. Mech. Tools Manufact., 1990, 30(2): 309 ~323.

[21] 龚晓南. 土塑性力学[M]. 杭州: 浙江大学出版社, 1990.

[22] D C Drucker, R E Gibson, D J Henkel: Trans. of America Society Civil Engineering, Vol. 122, 1957.

[23] A W Jenike, R T Shield: J. of App. Mech. 81B, 599 ~602, 1959.

[24] N P Suh: A Yield Criterion for Plastic Frictional, Work-hardening Granular Materials. International Journal of Powder Metallurgy. Vol. 5, No. 1, 1969, 69 ~78.

[25] I S Sandler, F L DiMaggio, G Y Baladi: Generalized Cap Model for Geological Materials, J. of the Engineering Mechanics Division, ASCE, 1976, Vol. 102, No. GT7: 683 ~699.

[26] F L DiMaggio, I S Sandler. Material Models for Granular Soils, J. of the Engineering Mechanics Division, ASCE, 1971, Vol. 97, No. EM3: 935 ~950.

[27] W A M Brekelmans. Comparison of Two Drucker-Prager-type Constitutive Models for Granular Material Behaviour in Uniaxial Compression, Powder Technology, 1990, 62 : 21 ~26

[28] R J Bathurst, L Rothenburg. Micromechanical Aspects of Isotropic Granular Assemblies with Linear Contact Interactions, Journal of Applied Mechanics, 1988, 55 : 17 ~23.

[29] T P O′Donnell, P S Steif. Elastic-Plastic Compaction of A Two-Dimensional Assemblage of Particles, Transaction of ASME, 1989, 111 : 404 ~408.

[30] T P Chang, B H Chen. Orthotropic Elastic Response of Granular Materials, Computers & Structures, 1997, 64(1-4) : 667 ~675.

[31] 姚德超. 粉末冶金模具设计[M]. 北京: 冶金工业出版社, 1982.

[32] R W Lewis, A G K Jinka, D T Gethin. Computer-Aided Simulation of Metal Powder Die Compaction Processes. Powder Metallurgy International. Vol. 25, No. 6, 1993: 287 ~293.

[33] B Okimoto. On the Fracture of Porous Materials Compacts, J. Japan Soc. of Powder and

Powder Metallurgy, Vol. 38, n8, Sep. 1991.
[34] J. 勒迈特. 损伤力学教程[M]. 北京：科学出版社，1996.
[35] 李灏. 损伤力学基础[M]. 济南：山东科技出版社，1992.
[36] V Tvergaard, A Needleman. Analysis of the Cup-Cone fracture in a round tensile bar, Acta Metal. 1984, Vol. 32, No. 1: 157 ~ 169.
[37] M Oyane. Criterion for ductile and their applications, J. Mech. work. Tech., 1980 (4): 65 ~ 81.
[38] F A McClintock. A Criterion for ductile fracture by the growth of holes, J. Appli. Mech., 1968(6): 363 ~ 371.
[39] M G Cockroft, D J Latham. Ductility and workabality of metals J. Inst. metals, 1968 (96): 33 ~ 36.
[40] S I Oh. Theories on flow and fracture in metal working process, USAF technical report AFML-TR-76-1, May 1976.
[41] J R Rice, D M Tracey. On the Ductile enlargement of void in trixial stress fields, J. Mech. Phys. solids, 1969(17): 201 ~ 217.
[42] 郑长卿，张克实，周利. 金属韧性破坏的细观力学及其应用研究[M]. 北京：国防工业出版社，1995.
[43] 郜卫华，杨秉宪. 一个用于韧性断裂的微空洞损伤力学准则[北京航空学院科研报告]. 北京：固体力学研究所，1986.
[44] 李国琛，M 耶纳. 塑性大应变结构力学[M]. 北京：科学出版社，1993.
[45] 贾建军. 精冲塑性变形损伤与韧性断裂的刚塑性有限元分析 [D]. 上海交通大学，1998.
[46] D T Gethin, V D Tran, R W Lewis, A K Ariffin. An Investigation of Powder Compaction Processes. International Journal of Powder Metallurgy. Vol. 30, No. 4, 1994: 385 ~ 398.
[47] D V Tran, R W Lewis, D T Gethin, A K Ariffin. Numerical Modelling of Powder Compaction Processes: Displacement Based Finite Element Mehtod. Powder Metalllurgy. Vol. 36, No. 4, 1993: 257 ~ 263.
[48] O C Zienkiewicz, G C Huang, Y C Lim. Adaptive F. E. M. Computation of Forming Processes-Application to Sintered Powders, Int. J. Numer. Metho. Eng. 1988(25): 23 ~ 42.
[49] A G Jinka, R W Lewis, D T Gethin. Finite Element Simulation of Powder Compaction via Flow Formulation, Advances in Powder Metallurgy, 1991, Vol. 1: 123, Compiled by L. F. Pearl, and R. Sansoucy, Princeton, NJ, MPIF/APMI.
[50] J Lian. S Shima Powder Assembly Simulation by Particle Dynamics Method, Inter. J. For Numerical Methods in Engineering, 1994, 37: 763 ~ 775.

[51] B B Hwang, S Kobayashi. Application of the Finite Element Method to Powdered Metal Compaction Processes, Inter. J. Mech. Tools Manufact., 1991, 31 (1): 123 ~ 137.

[52] B B Hwang, S Kobayashi. Application of the Finite Element Method to Powdered Metal Compaction Processes of Mutilevel Flanged Parts, Inter. J. Mech. Tools Manufact., 1994, 34(3): 423 ~ 438.

[53] R J Henry, T J McCabe. Computer Optimization of Near-Net-Shape Production of Powder Metallurgy Components, "Near-net-shape manufacturing", ed. P. W. Lee & B. L. Ferguson, 133 ~ 143, 1993, Materials Park, OH, ASM International.

[54] V B Rachakonda, T J McCabe, R J Henry. Design of Powder Compaction Processes using Finite Elemet Simulation, Proc. Conf. P/M in Aerospace, Defense and Demanding Application-1993, SanDiego, CA, USA, Feb. 1993, 381 ~ 388, Princeton, NJ, MPIF.

[55] Zienkiewicz O C, Zhu J Z. The three R's of engineering analysis and error estimation and adaptivity. In: Oden J T (ed.) Reliability in computational mechanics, Austin, Texas, USA, 1990. 95 ~ 113.

[56] Zienkiewicz O C, Zhu J Z. A simple error estimator and adaptive procedure for practical engineering analysis. International Journal for Numerical Methods in Engineering, 1978, 12: 1597 ~ 1615.

[57] Zienkiewicz O C, Zhu J Z. The superconvergent patch recovery and posteriori error estimator. International Journal for Numerical Methods in Engineering, 1992, 31: 1365 ~ 1382.

[58] J O Hollquist, LS-DYNA3D Theoretical Manual, LSTC Report 1018, Livemore, 1993.

[59] Y T Keum, E Nakamachi, R H Wagoner, J K Lee. Compatible description of tool surfaces and FEM meshes for analysing sheet forming operations, Int. Numer. Methods Eng, Vol. 30, 1990, 1471 ~ 1502.

[60] A Santos. A Makinouchi, Contact strategies to deal with different tool descriptions in static explicit FEM for 3D sheet metal forming simalution, J. of Materials Processing Technology, Vol. 50, 1995, 273 ~ 291.

[61] E Nakamachi. Computer aided simulation of sheet metal forming procedures by thin shell finite element analysis, Advanced Technology of plasticity, 1990, Japan, 1745 ~ 1750.

[62] Z H Zhong. Finite element procedures for contact problems, Oxford University Press, 1993.

[63] T Belytschko, et al. Hourglass control in linear and nonlinear problems, Comput. Meths. Appl. Mech. Engrg. Vol. 43, 1984, 251 ~ 276.

[64] J O Hallguist. Nike 2D a vectorized, implicit finite deformation finite element code for

analyzing the static and dynamic response of 2D solids, Report 52678, LLNL, Livemore, CA, 1979.

[65] N Kikuchi, J T Oden. Contact Problems in Elasticity: A study of variational inequalities and finite element methods, SIAM Publication, Philadelphia, 1988.

[66] MARC Analysis Research Corperation, MARC/Mentat II Training Guide, 1997.

[67] S Kobayashi, S I Oh, T Altan. Metal Forming and the finite element Method, Oxford University Press, New York, 1989.

[68] J T Oden, E B Fires. Nonlocal and nonlinear friction laws and variational principles for cantact problems in elasticity, J. of Appl. Mech., Vol. 50, 1983, 67 ~ 76.

[69] B Fridriksson. On Elastostatic Contact Problems with friction, Linkoping University, 1976.

[70] A Cornier. A theory of friction, Int. J. of Solid and Struct, Vol. 20, 1984, 637 ~ 647.

[71] A Klarbring. Contact Problems in Linear Elasticity, Linkoping University, 1985.

[72] M Hehenberger, P Samulson, O Alm, L Nilsson, T Olofsson. Experimental and Theoretical Studies of Powder Compaction. IUTAM Conference on Deformation and Failure of Granular Materials (P. A. Vermeer, H. J. Lugar, Eds) Delft, Aug. 31-Sept. 3 (1982): 381 ~ 390.

[73] B Benuani, J Oudin, D Lochegnies. Finite element prediction of microvoid growth during muti-step hot forging, J. Mater. Proc. Tech., 1994(45): 533 ~ 538.

[74] Y Morimoto, T Hayashi, T Takei. Mechical behaviour of powder during compaction in a mold with variable cross section, Int. J. of Powder metall. and Powder Tech., 1982, Vol. 18, No. 2: 129 ~ 144.

[75] Bejarano A, Riera M D, Prado J M. Simulation of the compaction processor a two-level powder metallurgical part [J]. Materials Processing Technology, 2003 (143 ~ 144): 34 ~ 40.

[76] Redanz Pia. Numerical modeling of cold compaction of metal powder[J]. Int. J. Mech. Sci, 1998, 40(11): 1175 ~ 1189.

[77] Refiner Kopp, Jongung Choi, Dag Neudenberger. Simple compression test end simulation of an Sn-15% Pb alloy in the semi-solid state [J]. Journal of Materials Processing Technology, 2003, 135: 317 ~ 323.

[78] Khoei A R, behaviour Iranfar S. 3D numerical simulation in powder compaction process using a of elasto-palstic quasi-nonlinear technique[J]. Journal of Materials Processing Technology, 2003, 143 ~ 144: 886 ~ 890.

冶金工业出版社部分图书推荐

书 名	作 者	定价(元)
SolidWorks 2006 零件与装配设计教程	岳荣刚	29.00
Mastercam 3D 设计及模具加工高级教程	孙建甫	69.00
机械基础知识	马保振	26.00
机械优化设计方法	陈立周	29.00
机电一体化技术基础与产品设计	刘 杰	38.00
机械制造装备设计	王启义	35.00
可编程序控制器及常用控制电器	何友华	30.00
机械制造工艺及专用夹具设计指导	孙丽媛	14.00
智能控制原理及应用	张建民	29.00
通用机械设备(高职)	张庭祥	25.00
机械设计基础(高职)	吴联兴	29.00
机械制造工艺基础	钱同一	49.00
机械安装与维护	张树海	22.00
画法几何及机械制图	田绿竹	29.00
画法几何及机械制图习题集	刘红梅	28.00
电力拖动自动控制系统(第2版)	李正熙	35.00
机械工程测试与数据处理技术	平 鹏	20.00
仪表机构零件(第2版)	施立亭	32.00
起重机课程设计(第2版)	陈道南	26.00
机械可靠性设计	孟宪铎	18.00
机械设计课程设计	巩云鹏	23.00
计算机控制系统	张国范 顾树生	29.00
自动控制原理(第4版)	顾树生 杨自厚	29.00
AutoCAD 2002 计算机辅助设计	王 茹	29.50
冶金机械安装与维护	谷士强	24.00
电工与电子技术	李季渊	26.00
机械故障诊断基础	廖伯瑜	25.80
工厂电气控制设备	赵秉衡	20.00
工厂供电系统继电保护及自动装置	王建南	35.00
机械维修与安装	周师圣	24.00
实用模拟电子技术	欧伟民	28.50
工业测控系统的抗干扰技术	葛长虹	39.00
CAXA 电子图板教程	马希青 李秋生	36.00